兽医临床诊断学 32 讲

贺建忠 著

中国林业出版社

内 容 简 介

本书仍沿用传统的知识体系，但在知识点的解读上突破常规，融入课堂授课的手法。全书能够充分结合兽医临床病例、融入课程思政元素，然后采用形象的比喻，以幽默的手法予以呈现，使之深入浅出、通俗易懂。其中，临床病例和课程思政元素的多元化融入是本书的重要特色，全面体现了课程的能力培养和价值塑造功能。本书既适合专科生、本科生和研究生学习兽医临床诊断学课程时使用，也适合新教师讲授兽医临床诊断学课程时参考。

图书在版编目（CIP）数据

兽医临床诊断学32讲/贺建忠著. —北京：中国林业出版社，2020.10
　　ISBN 978-7-5219-0847-3

　　Ⅰ．①兽… Ⅱ．①贺… Ⅲ．①兽医学–诊断学 Ⅳ．①S854.4

中国版本图书馆CIP数据核字（2020）第197625号

中国林业出版社教育分社

策划、责任编辑： 高红岩　李树梅	**责任校对：** 苏　梅
电话：（010）83143554	**传真：**（010）83143516

出版发行　中国林业出版社（100009　北京市西城区德内大街刘海胡同7号）
　　　　　E-mail: jiaocaipublic@163.com　电话：（010）83143500
　　　　　http://www.forestry.gov.cn/lycb.html
经　　销　新华书店
印　　刷　北京中科印刷有限公司
版　　次　2020年10月第1版
印　　次　2020年10月第1次印刷
开　　本　710mm×1000mm　1/16
印　　张　11.5
字　　数　213千字　　数字资源字数：180千字
定　　价　35.00元

未经许可，不得以任何方式复制或抄袭本书之部分或全部内容。

版权所有　侵权必究

前 言
Foreword

《兽医临床诊断学32讲》不同于以往的任何一种教材与著作，它是对授课课件的详细解读，类似于课堂上的讲解。本书的知识体系与2017年出版的《兽医临床诊断学教学设计》基本相同，但编排方式和知识点解读深度却存在着本质的区别。

传统的兽医临床诊断学教材与著作仅是知识体系的构建，而本书是在知识体系的基础上结合临床病例、融入课程思政元素、采用形象的比喻，以幽默的手法予以呈现，比课堂授课更为详尽、更有层次感和逻辑性。其中，课程思政元素的多元化和自然融入是本书的重要特色。哲理故事、古典诗词、中华优秀传统文化等思政元素在书中随处可见，且能与课程内容自然衔接而毫无生硬之感。此外，每讲的末尾设有"教师寄语"，寄语均为原创，且多以对联的形式呈现，主旨在于继承和发扬中华优秀传统文化，传递正能量，全面体现课程的价值塑造功能。

《兽医临床诊断学32讲》的段落与PPT课件的页面一一对应，图为文之形，文是图之神，形神兼备，真正地实现了图文一体化。新版课件主题鲜明，层次清楚，色彩和谐，结构严谨。课件选用上千张图片，赠送寄语32句，其美观程度与内容丰富程度均创历史新高。以新版课件为蓝本撰写的《兽医临床诊断学32讲》，既保持了科学的规范，又拥有了文学之美，使人读起来兴趣盎然。

本书适合动物医学专业新教师讲授兽医临床诊断学课程时参考，同时适合研究生、本科生、专科生及其他从事畜牧兽医相关工作人员学习兽医临床诊断学课程时使用。

本书虽数易其稿、反复校对，但因作者水平有限，错误与不当之处在所难免，恳请广大读者批评指正。

贺建忠

2020 年 8 月

目录

Contents

前言

第1讲	绪论	1
第2讲	兽医临床诊断学发展简史	9
第3讲	临床诊断的基本方法	15
第4讲	临床检查的程序和方案	27
第5讲	整体状态的检查	32
第6讲	被毛和皮肤的检查	38
第7讲	可视黏膜及浅在淋巴结的检查	43
第8讲	体温、脉搏和呼吸数的检查	48
第9讲	心脏的视诊、触诊和叩诊	55
第10讲	心脏的听诊	59
第11讲	静脉检查及采血与抗凝	64
第12讲	红细胞检查	70
第13讲	白细胞检查	77
第14讲	呼吸运动的检查	82
第15讲	鼻液、呼出气体和咳嗽的检查	89
第16讲	上呼吸道的检查	95
第17讲	胸廓的视诊、触诊和叩诊	99
第18讲	胸、肺的听诊	105
第19讲	消化系统的一般检查	111
第20讲	马属动物的胃肠检查	117
第21讲	反刍动物的胃肠检查	120
第22讲	犬、猫的胃肠检查	124

第 23 讲　直肠检查 …………………………………………………… 128
第 24 讲　排粪动作及粪便检查 ……………………………………… 132
第 25 讲　排尿动作及尿液的感官检查 ……………………………… 136
第 26 讲　尿液的化学检查 …………………………………………… 141
第 27 讲　尿沉渣的检查 ……………………………………………… 146
第 28 讲　泌尿器官及外生殖器官的检查 …………………………… 150
第 29 讲　头颅与脊柱的检查 ………………………………………… 154
第 30 讲　神经功能的检查 …………………………………………… 158
第 31 讲　胸、腹腔穿刺液及临床生化检查 ………………………… 162
第 32 讲　建立诊断 …………………………………………………… 168

参考文献 ………………………………………………………………… 178

* *

教材数字资源使用说明

　　PC 端使用方法：
　　步骤一：刮开封底涂层，获取数字资源授权码；
　　步骤二：注册/登录小途教育平台，https://edu.cfph.net；
　　步骤三：在"课程"中搜索教材名称，打开对应教材，点击"激活"，输入激活码即可阅读。

　　手机端使用方法：
　　步骤一：刮开封底涂层，获取数字资源授权码；
　　步骤二：扫描书中的数字资源二维码，进入小途"注册/登录"界面；
　　步骤三：在"未获取授权"界面点击"获取授权"，输入步骤一中获取的授权码以激活课程；
　　步骤四：激活成功后跳转至数字资源界面即可进行阅读。

第1讲 绪 论

【PPT1】我们知道人生在世,最重要的事情之一就是要明辨是非,做兽医亦然。要想做一个明白的兽医,需要学很多课程,大家已经学了很多,称之为基础课;今后还会学,称之为临床课。基础课与临床课属于两个阵营,只有有机地结合起来,自由通畅地往返,才能做一名合格的兽医。但是,这两个阵营的课程如何才能联系起来呢?换句话说,它所依赖的桥梁是什么呢?就是现在正准备带领大家学习的课程——兽医临床诊断学。

【PPT2】当前,我们处在一个信息社会,想知道什么只需百度一下就可以。为动物看病也是如此,不知道怎么处理,首先百度或者查找专业书籍。百度或专业书籍找不到,再查专业文献网如中国知网。网上查不明白,还可请教专家、教授,即便最终仍未能找到治疗之法,至少我们知道动物是因何而亡的。但查找、询问、请教的前提是你得知道动物得的是什么病,你得知道检索的关键词,你得知道要请教的问题。假如对疾病一无所知,纵然"百度"在前,专家在后,你也无从下手。所以说,学好诊断是做一个明白兽医的关键。

【PPT3】本讲主要介绍四个方面的内容:一、兽医临床诊断学的本质;二、兽医临床诊断学的概念;三、兽医临床诊断学的内容;四、诊断的作用与意义。

【PPT4】兽医临床诊断学的本质是什么?我有三个比喻:兽医临床诊断学是一种工具,兽医临床诊断学是一把利剑,兽医临床诊断学是一座桥梁。首先,兽医临床诊断学对兽医来说它是一种工具,一种帮助我们解开疾病密码的工具。这种工具不是单一的钥匙,而是复杂的组合工具,能够应付各种艰难繁复的诊疗工作。兽医有了这种工具,能够熟练使用这种工具后,就能得心应手地应对各种疾病。其次,兽医临床诊断学是一把利剑,能够快速地削枝斩叶,暴露出疾病的主线。兽医临床诊断学学得越精,这把利剑就磨得越利。最后,兽医临床诊断学是一座"桥梁",它连接着基础课和临床课。有了这座"桥梁",兽医诊疗工作必然一路畅通；没有这座"桥梁"，兽医诊疗工作多半坠河溺水，中道而亡。基础课是指动物解剖学、动物组织学与胚胎学、动物生理学、动物生物化学、兽医免疫学、兽医微生物学等课程，而临床课是指兽医内科学、兽医外科学、兽医产科学、兽医传染病学、兽医寄生虫学和中兽医学等临床课程。基础课和临床课虽然气息相闻、根脉相连，但中间却有江河分割，终归是难以逾越的天堑。但是，有了兽医临床诊断学这样的一桥飞架，马上天堑变通途。兽医临床诊断学的本质是什么？是兽医明辨疾病的趁手工具，是兽医降服病魔的倚天利剑，是兽医渡过疾病之河的坚固桥梁。

【PPT5】兽医临床诊断学作为一个名词，应该如何来解释？可以拆成"兽医""临床""诊断"和"学"四个词来分析。首先来看"兽医"。兽医是什么？凡是上过慕课"兽医之道"的人都知道：兽医是人，是为动物治病的人。兽医一词在课程里通常是起限定作用的，就是说研究对象是动物，而非人。之所以要加"兽医"二字，其目的就是要与人医（医学）相区分。今后，但凡见到带"兽医"二字的课程如兽医内科学、兽医外科学和兽医产科学等，均指研究对象为动物，绝不是研究兽医这种人的内科病、外科病或产科病的科学。临床中的"临"是到的意思；"床"原指病人所卧之处，借代为病人，放到兽医这一特殊语境中，专指患病动物。"临床"合起来就是到患病动物面前，意指诊疗实践。诊断中的"诊"为方法，"断"为判断，就是说用尽一切方法最终得出一个准确的判断。"学"就是科学或学科的意思。兽医、临床、诊断、学，连起来就是以各种动物为研究对象，从临床实践的角度，研究其疾病的诊断方法和理论的科学。这就是兽医临床诊断学的概念。

【PPT6】兽医临床诊断学有三大内容，即症状学、方法学和建立诊断的方法论。所谓症状学是指研究动物症状的发生原因、条件、机理、临床表现和特征的科学。在临床上，症状学是诊断疾病的首要条件。症状是一种异常现象，而透过现象直达疾病本质，是兽医最为重要的专业素质。左图的鸡，呈劈叉姿势。鸡不是舞蹈演员，不需要经常劈叉练功，这显然是一种不太正常的现象。通过劈叉的姿势，我们就可以初步诊断为马立克氏病。症状学是用来分析疾病的，那么方法学是干什么的呢？是用来发现症状的。很多症状并不像劈叉那样显而易见，需要通过一定的检查方法才能得以发现，如脉搏性质的改变和心杂音的存在等。因此，诊断学的另一个重要内容就是方法学。所谓方法学是研究诊疗设备或器械的诊断原理、操作方法、适应症和注意事项的科学。例如听诊器的原理、使用方法、适用范围和注意事项等，就是方法学的内容。使用方法获得症状，依据症状推断疾病，这是诊断学的基本套路。当然，由方法到症状，由症状到诊断还需要在方法论的指导下进行。这就涉及诊断学的第三大内容——

建立诊断的方法论。所谓建立诊断的方法论，是指通过临床检查获得的症状和资料，按照一定的方法和步骤、遵循一定的原则进行深入分析，以此揭示疾病的本质，建立准确诊断的科学。临床检查中会使用到各种方法，最常用的视诊、问诊、听诊、触诊、叩诊和嗅诊，通常称之为"六诊"。诊断的建立，离不开诊断方法的应用，即便是一目了然的症状，也是使用诊断方法得来的。直接看见的是视诊，经询问得知的是问诊。使用方法得症状，通过症状建诊断，通过诊断验方法，三者循环往复，相互支撑，共同构成诊断学最为稳定的三角支架。

【PPT7】 兽医临床诊断学三大内容，我们先来看症状学。症状学，顾名思义，是研究症状的学问。那么，什么又是症状呢？症状是我们在临床中可以感知的不太正常的东西。用专业术语来表述就是动物患病后经过检查所发现的机能异常和病理现象。首先，我们需要明白症状针对的是患病动物或者说患畜。当畜主带动物前来就诊时，我们总是问有什么症状。言下之意是已经把前来就诊的动物视作不健康状态。所以说，症状是对患畜而言的，健康动物不应该使用该词。其次，症状一定是检查发现的。对此，有的人会产生怀疑：这个不一定吧？你看那头牛一瘸一拐的，傻子都能看出来有毛病。一瘸一拐用专业术语表述就是跛行，跛行当然一看便知，但并不能说明没有使用诊断方法。看的过程就是视诊，而视诊是"六诊"之首，何言没有使用诊断方法呢？最后，症状的本质是机能异常或病理现象，简而言之就是种种异常。因此，症状这个概念针对的是患病动物，其本质是一种异常，其过程是用各种检查方法予以发现。图中仰头长叹的称为"观星状"，低头打盹儿的称为嗜睡，两腿各奔东西的称为劈叉，伸颈张口的称为咳嗽，下蹲用力的称为便秘，肛门喷水的称为腹泻。这些都称之为症状，但不同的症状对疾病的诊断意义是不同的，这一点我们稍后讲解。

【PPT8】 我们来看一下这个病例，是一位老师饲养的鸭子。因有明显症状带到动物医院让我诊治。当时所见就是这副模样，头使劲儿往后仰，仿佛看天上的星星。说实在的，我也没见过这种病例，但我一看到一种姿势就想到了一种症状——观星状。观星状属于一种神经症状，通常在维生素 B_1 缺乏时出现。鉴于这种症状的典型性，初步诊断为维生素 B_1 缺乏症。根据缺什么补什么的原理，我给这只鸭子注射了维生素 B_1，结果没过多久症状就缓解了不少。此后又连续注射了几天，症状得到了有效的控制，疾病得以痊愈。症状学是一个神奇的东西，只有多看书、多实践，才能明白其中的真意。

【PPT9】 不能准确识别症状，不能深刻理解症状背后隐藏的真相，是做不了兽医的。左图的猫看起来垂头丧气、虚弱无力，这种"垂头"在临床上并不少见，其原因是缺钾。钾这种元素在维持细胞功能方面有着十分重要的意义。体内的钾多来源于食物，而动物发病后多食欲不佳，因此钾的摄入就会存在不足。此外，呕吐或腹泻还会使机体内的钾大量流失。摄入原本不足，流失反而增加，钾在体内就会迅速丧失。钾一旦缺失，动物就会表现出虚弱无力、垂头丧气的表情。通常，动物三日不食，就会造成钾缺乏。若同时出现呕吐和腹泻症状，缺钾就会更加迅速、更加严重。因此，在多数疾病治疗过程中补钾就显得十分重要。中图的犬，一副苦大仇深的模样，这是甲状腺功能减退所表现的一种特殊症状。右图的犬，前肢伸展，以头抢地，感觉很虔诚的样子，这种症状在临床上称为"祈祷姿势"。祈祷不是祈求神灵保佑、祷告佛法普度，而是在缓解前腹部疼痛。动物的疼痛是不用语言表达的，即便表达了，我们也听不懂。我们只能根据一些特定的症状来推断，如祈祷姿势、回视、蹴腹、起卧、打滚等，都是腹痛的表现形式。再如四肢交替负重或集于腹下也是疼痛的征兆，不过这种表现形式不是疼在腹部，而是痛在肢蹄。在兽医临床上，首先要根据临床特征识别症状，其次要知道症状产生的原因及其存在的临床意义，只有弄清了症状的特征、产生原因和临床意义，才可能对疾病做出准确的判断。不识症状如同盲人，识症状而不知其原因和临床意义如同睁眼瞎，不会对疾病诊断产生任何帮助。

【PPT10】症状的本质是一种机能异常或病理现象。但不同的症状对疾病诊断的价值却存在巨大差异。例如腹泻，是最常见的一种症状，识别十分容易，但想确定其病因却是十分困难的，因为物理因素、化学因素和生物因素均可能导致腹泻。即便确定是生物因素，也有细菌、病毒、立克次氏体和寄生虫等多种因素；即便确定是细菌感染，也有革兰阳性菌和阴性菌的区别；即便确定革兰阳性菌感染，也有成千上万的菌种等着我们去鉴别。而"观星状"这样的特殊症状就不同了，通常仅见于鸡瘟和维生素B_1缺乏症等寥寥几种疾病，筛选起来自然十分容易。依据不同的分类标准，症状存在着不同的分类。首先，依据诊断价值的不同，可将症状分为主要症状和次要症状，主要症状对疾病的诊断有意义，而次要症状对诊断则没有多大意义。例如支气管炎，该病的症状有体温升高、咳嗽、流鼻涕和胸部听诊啰音等，其中只有胸部啰音是主要症状，其余均为次要症状。其实，诸如体温升高、精神沉郁、食欲不振等症状，无论在什么病上基本都属于次要症状。这些次要症状只能提示动物可能生病，至于患什么病，凭此根本看不出来。当然，就单一症状而言可能是次要症状，但多种症状联合起来，就可能组成主要症状群，这样就具有重要的诊断意义了。例如犬瘟热，鼻端干燥、脓性鼻液、眼分泌物增多、咳嗽及体温升高等一联合，基本上可以做出初步诊断，但是若将上述症状分开来看，则什么也诊断不出来。其次，依据症状出现时机的不同可分为经常症状和暂时症状。经常症状是指整个疾病过程中经常固定出现的症状，而暂时症状是在疾病的某一个时期或在某些影响因素的影响下才出现的症状。经常症状固然有诊断意义，但暂时症状有时也不能忽视，它有可能成为诊断的重要依据。例如铁锈色鼻液，只有在大叶性肺炎的肝变期才会出现，但却有重要的诊断意义。暂时症状犹如人的灵光一现，虽然短暂，有时对锁定疾病"元凶"却有着重要的提示作用。再者，依据症状出现时间的不同可将症状分为前驱症状和后遗症状。前驱症状是主要症状未出现之前的症状，而后遗症状是指疾病已经基本恢复而留下的一些不太正常的现象。前驱症状缺乏诊断意义，我们只能无奈苦笑；后遗症状事实已成，我们只能坦然面对。当然，在敏锐的兽医面前，前驱症状也不是一无是处。例如，食欲不振、偶然呕吐可能就是犬细小病毒病的前驱症状，优秀的兽医必然会率先捕捉住这些信息，将疾病遏制在萌芽状态。待到上吐下泻、便血如注时，就已经到了症状明显期，控制的难度自然大大增加。犬肢蹄抽搐、颈部颤抖或身体转圈，通常都是犬瘟热的后遗症状，此时虽有回溯诊断的价值，却多半失去了治疗的意义，因此说只能坦然面对。最后，依据准确诊断程度的不同可将症状分为典型症状和示病症状。典型症状是能够反映疾病临床特征的症状，而示病症状是能够确定疾病性质的症状。典型症状虽然具有重要的诊断价值，但不具有唯一性。而示病症状则不同，看到症状就相当于确诊了疾病。破伤风时的木马症，大叶性肺炎时的弓形浊音区，三尖瓣闭锁不全时的颈静脉阳性波动，这些都是示病症状。体温升高、腹式呼吸、胸肺部叩诊呈水平浊音只能算作胸膜炎的典型症状。典型症状与示病症状的差异可以以人类比：我们知道长头发、高嗓音是女人的特征，这些特征相当于疾病中的典型症状，但留长头发、拥有尖细嗓音的人都是女人吗？显然不是。不要说外貌特征，有时连第一性征都不是分辨男女的"示病症状"。网上有这样一篇报道，一名20多岁的女教师，美丽动人，无论从哪个方面看都是女人。但后来因为一些生理问题到医院一检查才发现，自己的染色体是XY型，也就是说他是典型的纯爷们。一切表象皆为典型症状，染色体的结果才是示病症状。所以说，典型症状只是初步诊断的利器，却非最后定论的铁证。症状还有诸多分类，我们在临床上最希望看到的是示病症状，很可惜示病症状在临床上并不多见；其次希望看到典型症状，很可惜，很多疾病的发生并不典型；再者，希望看到主要症状或经常症状，因为它们对疾病的诊断仍具有较大意义。这里需要特别提醒的是，暂时症状多数情况是无足轻重的偶然现象，但有时候却是决定性质的示病症状，如大叶性肺炎时的铁锈色鼻液，既是一种暂时症状，更是一种示病症状。症状的重要与否，不是靠简单的分类就能决定的，需要根据临床实际给出准确的判断。次要症状可能变成主要症状，典型症状可能沦为一般症状，这中间的玄机只有在长期的临床实践磨炼中才能得以辨识。

【PPT11】如图所示，牛右腹部增大是真胃右方变位的典型症状，木马症是破伤风的示病症状，趾向内屈曲是维生素 B_2 缺乏的典型症状。典型症状有助于建立初步诊断，而示病症状却能够得出确切诊断。

【PPT12】诊断方法通常分为三大类：一般检查法、实验室检查法和特殊检查法。其中，一般检查法包括问诊、视诊、触诊、叩诊、听诊和嗅诊。一般检查法不需要器械或只需要简单器械就可以进行检查，是本课程的主要内容。实验室检查法需要大量的科学仪器，如血液分析仪、生化分析仪、尿液分析仪和PCR 仪等。那么哪些属于实验室检查法呢？实际上一切有利于诊断的、需要通过实验室检测或验证的内容都属于实验室检查法。特殊检查法主要指影像检查，在兽医临床上最为常用的是 X 线检查和超声检查，此外也包括 CT 检查、核磁共振成像检查以及心电图检查和内窥镜检查等。临床上先用一般检查法初诊，缩小诊断范围，再用实验室检查法或特殊检查法予以确诊。用一般检查法检查后，框定的范围越小，实验室检查法和特殊检查法用以确诊的效率就越高。否则，漫天海选，耗时费力，不但延误了诊断，而且延误了治疗。兽医是一个救治生命的专业，错过最佳治疗时间就是错过了挽救生命的最佳时机。兽医是全科教育，从一般检查法到实验室检查法，再到特殊检查法，基本上全部依赖于兽医自己，掌握的越好，救治的生命就越多。

【PPT13】如图所示，猫的肺部听诊、犬的口腔检查、猫的皮下注射，全部属于方法学的内容。不掌握方法，就得不到症状和资料，得不到症状和资料，就无法做出准确诊断。

【PPT14】图中动物的 CT 检查、核磁共振成像检查属于特殊的检查法。兽医行业的发展日新月异，这些以前只有在大型医院才能看到的高档仪器，如今已经"下嫁"到一二线城市的动物医院，真是："CT 核磁万口传，至今已觉不新鲜。兽医人医才人出，各领风骚数百年。"右图是动物的生化分析仪，生化检查属于实验室检查的常规内容，已经成为常规诊疗不可分割的一部分。我国兽医行业的迅速崛起，已经实现了由单纯的一般检查法转变为一般检查法、实验室检查法和特殊检查法的有机融合。

【PPT15】建立诊断需要方法论的指导，这部分内容将在最后一讲"建立诊断"中详加论述，这里只简单地介绍一些基本概念。诊断学不仅要知道动物得了什么病，还要准确地判断出动物此后的生活能力和经济价值，这种判断就叫作预后。准确地讲，预后是对疾病的持续时间、可能的转归及动物的生产性能、经济价值做出的判断。判断预后极为重要，这决定了动物是继续治疗还是放弃治疗。动物毕竟不是人类，作为经济动物，当治疗成本超过其自身价值的一半时就鲜有人为。很多动物的生产性能决定了动物生存的价值,例如一头奶牛,当四个乳房全部失去泌乳功能时也就失去了其存在的价值。畜牧兽医行业有一句话"奶牛是乳房的副产品",由此可知,失去了乳房就失去了奶牛赖以生存的根本。预后大致可以分为四种,分别是预后良好、预后不良、预后可疑和预后慎重。预后良好是我们最想看到的景象,发病前活蹦乱跳,治疗后活蹦乱跳,机体各种机能完好如初。预后不良就大不相同了,它是兽医的噩梦,说明治疗失败,动物会留有后遗症或最终死亡。预后可疑是指病情处于转化阶段,不能确定。就是说在一定时间内,病情若得到有效控制,则预后良好;得不到有效控制,则会预后不良。那么预后慎重又是什么意思呢?它和预后可疑有什么不同呢?预后慎重是指预后的好坏依据病情的轻重、诊疗是否得当及个体条件和环境因素的变化而有明显的不同。就是说是否治愈受主观、客观条件的限制:医术精湛、设备精良,治愈轻而易举;而医术欠佳、设备陈旧,治愈基本无望。预后慎重和预后可疑的差别可以这样认为:预后慎重所依赖的是人为因素,而预后可疑所依赖的是动物因素;预后慎重由医术和医疗条件决定,而预后可疑由动物机体的抗病能力决定;预后慎重胜败在人,而预后可疑成事在天。

【PPT16】建立诊断的方法论最常用的是鉴别诊断和论证诊断,这部分内容在最后一讲"建立诊断"中详加论述,这里不再赘述。诊断犹如断案,先得框定所有的犯罪嫌疑人,具体到兽医诊疗就是所有可能的疾病,然后再按照各种条件加以甄别。这就是通常所说的鉴别诊断。鉴别诊断可以采用路线图式,也可以采用列表式。排查到最后,哪怕是最不可能的结果也是疾病的真相。

【PPT17】诊断是有层次的,而我们最需要的是准确诊断。那么准确诊断有什么作用和意义呢?我认为至少有三大作用或者说三种意义:一、准确诊断是兽医立足的根本;二、准确诊断是有效治疗的基础;三、准确诊断是决定处置方式的依据。没有准确诊断,就没有准确治疗。一旦漏诊、误诊或延迟诊断,损失的不仅是人力、财力、物力,更是动物的生命和畜主的情感。准确诊断的意义很大,但做起来却很难。我们不能奢望对每个病例都能做出准确诊断,只能通过不断学习、不断实践,尽可能地提高准确诊断的比例。

【PPT18】兽医临床诊断学是兽医从事诊疗工作的一种工具、一把利剑、一座桥梁,用好了就能大大提高准确诊断的比例。当然,要想用好必须牢牢掌握症状学、方法学和建立诊断的方法论三大内容,并且充分理解准确诊断的作用和意义。

本讲寄语是:"病例就是动力,实力就是魅力。"病例永远是兽医的渴望,治愈病例永远是兽医的追求。每当病例来时,兽医的心是复杂的,既希望一针见效,药到病除,又希望见到从未曾见到过的病例,以增加阅历,满足日益膨胀的求知之心。说病例就是动力，不排除金钱因素，但更为重要的是治愈病例后的荣耀与成就感，那是用金钱难以衡量的。无病例的兽医是寂寞的，无复杂病例的兽医是失败的。为了见到书本上或有或无的病例，兽医不惜整日守候在动物医院，不惜赔本治疗，不惜跋山涉水去寻找。有动力，生命就有活力；有活力，生命就精彩。

有了足够的病例，还要有足够的实力，才能充分展示兽医的魅力。无实力的兽医只希望诊治毫无争议与挑战的病例，而有实力的兽医则希望随时能够挑战捉摸不透的病例。挑战成功固然可喜，挑战失败亦有所收获。魅力虽然由成功铸就，但是同时也由失败堆积。败中取胜更能够体现兽医的魅力。

第2讲 兽医临床诊断学发展简史

【PPT1】通过上一讲我们知道,兽医临床诊断学的研究对象是动物,讲究的是实践,追求的是诊断理论和技能,该课程是兽医的一种工具、一把利剑和一座桥梁。兽医临床诊断学将始终围绕着症状学、方法学和建立诊断的方法论进行阐述,其终极目标就是为了能够大幅度提高准确诊断的比例。

【PPT2】这一讲我们来介绍一下兽医临床诊断学的发展脉络,分别从国内和国外两条主线讲起。说是兽医临床诊断学发展简史,实际上已经拓展为医学和兽医学的发展简史,只不过偏重于临床诊疗的内容。没有历史的学科缺乏文化的厚重,而我们兽医从来不缺乏历史的厚重,因为我们有着悠久的历史。

【PPT3】本讲主要介绍三个方面的内容:一、中国兽医的发展脉络;二、国外兽医的发展脉络;三、课程的学习要求。

【PPT4】首先看中国兽医的发展脉络。早在一万年前,随着火、石器和骨器的应用,产生了温热疗法和针灸术。人类的发展是伴随着制造和利用工具而来的,医学和兽医学也不例外。考古出土的砭石,具有切割脓疡和针刺两种功能,说明我们祖先在一万年前就能做简单的手术,就能进行有效的针灸。身为当代动物医学专业大学生,完成4年或5年学业,理论不通病理,实践不懂切割,首先对不起的就是那些尚不能完全直立行走的先祖。

【PPT5】到了殷商时期,马已经被彻底驯化,具备了拉车和骑乘功能。从出土的甲骨文记载来看,已有关于马病的记载,已经出现了原始的阉割术。关于甲骨文的出土与发现,余秋雨有一篇散文专门记述此事,文章题目为《问卜殷墟》。我一直在说,我们兽医不缺乏历史,缺乏的是一部专门的兽医通史,望在座的诸君能够多加努力,争取创作出这部划时代的著作。

【PPT6】西周至春秋时期,已经出现专职兽医,负责诊治"兽病"和"兽疡"。在技术上,已经采用了灌药、手术及护养等综合医疗措施。其中最值得称道的是已经开始了肉食品检疫。《兽医之歌》中有句歌词："维护动物繁衍，保护人类发展"，我认为这两句话说的就是兽医的职责与使命。维护动物繁衍自不必说，要想保护人类发展，首先就要保证肉食品的安全。时至今日，不仅非洲猪瘟、小反刍兽疫和高致病性禽流感等疾病威胁着人畜健康，甚至在世界各地蔓延的新型冠状病毒感染也可能与动物有关。肉食品检验的开启具有划时代的意义，为保障人类发展续写了宏伟篇章。左图是我们兽医的祖师爷马师皇，相传他是黄帝的马医，不仅能为地上的动物看病，还能为天上的龙诊疾。中图和右图的器械是考古发现的西周至春秋时期的兽用器械，虽然锈迹斑斑，却是兽医数千年前存在的见证。

【PPT7】战国至秦汉，随着中医药的发展，兽医诊疗得到了进一步的发展。《黄帝内经》的出现，奠定了中医学和中兽医学的基础。《飞狐外传》小说中有一个人物叫程灵素，年纪虽轻，却是当时的名医。虽为小说家虚构，但我非常喜欢这个人物，关于这一点在我的兽医散文集《灵魂的歌声》中有所叙述。灵素这个名字取自医学典籍《灵枢》和《素问》，而《灵枢》与《素问》合称《黄帝内经》。到了汉代，《神农本草经》问世，如果说《黄帝内经》是医学理论体系的奠基之作，那么《神农本草经》就是药学的开山巨著。《神农本草经》提供了人畜通用药物的药性和药效。战国至秦汉，不仅出现了两部划时代的医学、兽医学巨著，而且问世了多部兽医学专著，如《相六畜》《马经》《牛经》《马医》和《牛医》等。《神农本草经》中的神农氏是远古传说中的人物，有过尝百草的经历。其实，尝百草就是一种原始的科学试验。不尝，安能知道草药的药性、药效？汉代实际上还有一本医学名著，但因残缺不全，不知其名。该书从马王堆出土时，只复原了52个病方，故名《五十二病方》。《五十二病方》最终被医学文献学泰斗马继兴破译，从此开启了中国医学的新篇章。文献中提到一种抗疟疾的药，叫青蒿。我们知道我国科学家屠呦呦获得诺贝尔生理学或医学奖凭借的就是青蒿素。青蒿素从何而来？就来源于青蒿。这里不讲屠呦呦，先谈谈马继兴，他是一个自幼酷爱中医、酷爱医史文献的人。马继兴的故事充分说明，一位醉心于文献研究的人，也可以通过自己的努力造福人类。假如你不喜欢兽医临床上的粪尿和血腥，主攻带有书香的文献，也可成就一番事业。你们正值青春年少，此时不埋头读书，更待何时？兽医是一个具有挑战性的职业，是一个具有科学精神的职业，是一个充满文化底蕴的职业。这个从《国立兽医学院院歌》歌词中就能感知一二："这儿是中华民族的发祥地，永生着伏羲和神农的灵魂。"兽医，一定流淌着伏羲的文化血液和附着神农的科学精神。

【PPT8】到了晋朝，一位擅长炼丹的人编著了一部急诊类的书叫《肘后备急方》。读过鲁迅先生《魏晋风度及文章与药及酒之关系》的人，一定知道魏晋名士喜欢吃药、吃酒，而且经常中毒。时代需要的，就是科学家要研究的，因此就有了《肘后备急方》。葛洪作为东晋的道教学者、炼丹家和医药家，在书中详细叙述了青蒿素的提取方法，为后世屠呦呦成功提取青蒿素提供了重要参考。中国人的第一个诺贝尔科学奖，在一千多年前就埋下了伏笔。因此说继承才能发展，这是千古不变的真理。

【PPT9】北魏出了一位著名的农学家贾思勰，他耗尽毕生精力编著了一部综合性的农书——《齐民要术》。《齐民要术》中载有家畜 26 种疾病的 48 种疗法，如掏结术、削蹄法和阉割术等。更难能可贵的是书中记录了家畜群发病的隔离之法，这让我对古人的智慧由衷地叹服，因为写这段讲稿时我正处于新冠疫情隔离状态。有很多人认为隔离是束缚人性的做法，我则认为隔离不但是有效防控疫病的方法，而且是自我提高的机会。我之所以这样认为，是因为我没把独居一室当成是隔离，而当成了一种闭关。就是在这短短的独居一室的 14 天里，我写了 16 万字的书稿，每天在从门到窗的循环往复中累计跑了 160 公里，此外还阅读了两部课外书籍。请记住，爱好阅读、写作与运动的人永远没有隔离，有的只是闭关修炼。

【PPT10】到了唐朝，中国空前强大，兽医教育就此开始。唐神龙年间，太仆寺，相当于现在的大学，设有"兽医六百人，兽医博士四人，学生一百人"，而且日本兽医平仲国漂洋过海前来留学。也就是说我国唐朝时期就开始招收留学生了。唐朝的兽医著作繁多，其中最著名的是《司牧安骥集》，这部著作是人类历史上的第一部兽医教科书，其影响力是世界性的。此外，还出版发行了《新修本草》《论马宝珠》《医马论》和《牛医方》等。

【PPT11】宋朝在兽医医疗机构上有三大突破，一是出现了收养病马的专门地方，是现代兽医院的开端；二是出现了最早的解剖机构——皮剥所；三是出现了最早的兽医药房。在兽医著作方面有《安骥集》《明堂灸马经》《相马病经》《疗驼经》和《师旷禽经》等。纵观历史，兽医的地位一直是比较低下的，但在宋朝却出现了一位世界历史上官职最高的兽医，他的名字叫常顺。常顺，因医治军马积功而被宋徽宗钦封为"广神侯"。山西省的阳城县有座水草庙，就是为纪念常顺而兴建的。如今，虽然不再有封侯拜相的事情，但官至省部并非难事，如农业农村部副部长于康震就是兽医出身。

【PPT12】元朝时我国疆域最为辽阔，因为那时我国交通最为发达，有数不清的千里良驹以供骑乘。既然马多、牛羊多，自然少不了兽医。元代卞宝著有《痊骥通玄论》，对一些脏腑病理及一些常见多发病的诊疗进行了总结性论述。"有水草的地方就有牛羊，有牛羊的地方就有我们蒙古人的足迹。"这是 83 版电视剧《射雕英雄传》中成吉思汗对郭靖说的话。其实，有牛羊的地方还必须有一种人，那就是兽医。

【PPT13】明清时期有三部重要的兽医著作，一部是明朝的《元亨疗马集》，另外两部是清朝的《活兽慈舟》和《猪经大全》。《元亨疗马集》可以称得上是我国兽医学宝库中最丰富、流传最广的一部兽医经典著作，作者是喻本元、喻本亨两兄弟。《猪经大全》是1956年在贵州省发掘的一部中兽医古籍，该书对50种猪病提出了治疗方法，并附有手绘图谱。《活兽慈舟》是一部综合性的兽医古籍，在我国南方广为流传。书中主要论述的是黄牛、水牛疾病的治疗方法，还有少量篇幅介绍了马、猪、羊、犬、猫等疾病。全书共收集各种病症达240余种，使用方剂、单方700余个。除了兽医学专著外，还有一部人兽通用的药学巨著——《本草纲目》。前面刚说过，唐朝开始了兽医教育。那么，基层兽医教育是什么时候开始的呢？明朝。明尚强大，清朝渐衰，兽医的发展在清朝后期基本上处于停滞状态。

【PPT14】到了近现代，中国长期处于被动挨打的局面，兽医自然也难有发展之机。即便这样，兽医教育还是焕发出了一定的生机。1904年，清政府在保定创办了北洋马医学堂，从此开启了西方兽医教育。1907年，北洋马医学堂更名为陆军马医学堂；1912年，更名为陆军兽医学校；1953年，更名为中国人民解放军兽医大学；1992年，更名为中国人民解放军农牧大学；1999年，更名为中国人民解放军军需大学；2004年，与其他院校合并，更名为吉林大学。我国以前是有兽医大学的，现在没有了，兽医专业多数分布在农业大学，少数分布在一些综合性大学。此外，医学院、工学院和林学院也有零星分布。

【PPT15】兽医教育还有一段更为辉煌的历史，这得从国立兽医学院说起。1946年，盛彤笙先生奉命创办了国立兽医学院，首年招生有500多人报名，最终录取48人，但最后顺利毕业的只有8人，史称"八大金刚"。国立兽医学院取得了不俗的办学成就，在国内外颇有影响力。想具体了解请参阅《远牧昆仑》一书，或阅读我的近作《兽医之道》。1950年，国立兽医学院更名为西北兽医学院；1951年，更名为西北畜牧兽医学院；1958年，更名为甘肃农业大学。从校名来看，办学规模是越来越大了，但兽医的比重却越来越小了。时至今日，中国再无兽医大学。我国兽医发展的脉络大致如此，接下来看一下国外兽医的发展脉络。

【PPT16】公元前5世纪到4世纪，希腊名医Hippocrates开始以视诊、触诊和直接听诊为主要诊断手段进行疾病诊疗。视诊是通过眼睛观察，触诊是通过手触摸，而直接听诊是直接将耳贴于人的体表，倾听机体内部发出的自然声音。当然直接听诊的局限性很大，第一，耳朵贴于别人的胸膛，不是一种文雅的动作；第二，声音传导衰减较大，没有灵敏的听力难以辨别声音的性质。直接听诊虽然优点少、缺点多，但还是凭借该法发现了胸膜摩擦音和肺部啰音。胸膜摩擦音是胸膜炎的示病症状，而肺部啰音是支气管炎的示病症状。现在看来，这是两种极其寻常的声音，但在当时可以算得上是伟大的发现。到了公元 2 世纪，罗马名医 Galen 建立了系统脉搏学说，奠定了神经支配的分布在诊断中作用的理论基础，首创了直肠和阴道的内镜。内镜是内窥镜的简称，可以清楚地看到管状器官的内部结构。直到今天，几乎所有的管状气管都有相应的内镜，用于验证性诊断，如胃镜、肠镜、喉镜、腹腔镜和支气管镜等。17 世纪，在文艺复兴运动的影响下，破除旧律和传统束缚，医学获得了蓬勃的发展。18 世纪，伴随着物理学、化学和生物学的发展，诊断方法得到了进一步的充实和发展。

【PPT17】1761 年，奥地利医生 Auenbrugger 发明了叩诊方法，大大地提升了诊断空间。Auenbrugger 虽然是一名出色医生，但他的父亲却是一个卖酒的，他经常看到父亲敲击酒桶以判断桶内酒的余量。Auenbrugger 看在眼里，记在心上：人的胸腔和腹腔也是封闭的，和眼前的酒桶何其相似，是不是也可以通过敲击辨声来了解其状态呢？于是发明了叩诊法。我国有句成语"酒囊饭袋"，常用来形容那些无用之人。试想，死的酒桶能敲，难道活的"饭袋"就不能敲吗？世间万物皆是一理，当你专注于某一件事情时，处处都有启发。1816 年，法国医生 Laennec 首创了木制单筒听诊器，并著有《医学听诊法》。这是一项伟大的发明，不但声音更加清晰，而且保持了人与人之间的尊严距离。1828 年，法国医生 Piorry 创建了间接叩诊法。直接叩诊法是直接在体表敲，间接叩诊法是垫一个物件在体表，然后在物件上敲，类似于中国功夫中的隔山打牛。间接叩诊法没有隔靴搔痒之嫌，却有音质更佳之实。1888 年，Bazzi Bianchi 发明了双耳件软管听诊器，明显提高了听诊效果。我们现在使用的听诊器，不仅都是双耳件，而且基本上都是双集音头，可根据实际情况选择使用。到了近现代，先进仪器设备不断发明和更新，诊断水平已经上升到细胞层次、基因水平。医学、兽医学的发展有目共睹，但再发达也解决不了所有的医学难题，还需要在座的诸君去努力奋斗，共同完成"维护动物繁衍，保护人类发展"的使命，与人医一道实现"同一个世界，同一个健康，同一个医学"的世界梦想。

【PPT18】兽医临床诊断学就是兽医的一种工具、一把利剑、一座桥梁，但要用好这种工具、磨好这把利剑、建好这座桥梁却不是容易之事，必须做到以下三点，才有望实现：第一，精于理论；第二，勤于实践；第三，善于推断。要想做到精于理论，就要勤学、勤记、勤梳理。我说过梳理思路就是开创新路。要想做到勤于实践，就要贪得上时间、忍得住孤独、扛得住压力。不能沉心静气学习的人，基本上搞不好兽医。要想善于推断，就要有细致的观察、缜密的思维和理性的验证。古语说得好，不为良相，便为良医；今语说得妙，不为良医，便为良兽医。做兽医难，做一名好兽医尤难，必须兼具良相的治世之才和良医的仁者之心。

【PPT19】兽医临床诊断学是伴随着科学、医学发展而不断进步的，国内外皆是如此。了解历史就是了解我们的家底，因为我们是兽医的传承人和接班人。

本讲寄语是："志向远大贫能耐，勤勉有加拙可补。"志向如北斗，虽然很多时候遥不可及，但它能为我们指明方向。有远大的志向，一切当下的境遇都微不足道，包括贫穷。贫穷是考量志向坚定与否的最好武器，耐得住贫穷，终有实现志向之日。生活中的笨拙、学业上的无知，均不足虑。只要有勤奋的天性和决心，一切笨拙的天洞都可以补足，一切无知的天坑都可以填平。勤奋不是无休止地干，而是有计划地学。摒弃不良嗜好，专注有益情趣，是勤奋人生的最佳起点。安贫乐道，勤勉有加，是幸福人生的基本态度。

第 3 讲　临床诊断的基本方法

【PPT1】每个行业都有它的基本功课，相声讲究的是说学逗唱，厨师讲究的是煎炒烹炸，京剧演员讲究的是唱念做打，古代士子讲究的是琴棋书画，而兽医讲究的是望闻问切。

【PPT2】望闻问切是中医或中兽医的说法，现代兽医临床诊断早已由古代"四诊"演化为如今的"六诊"，即视诊、听诊、嗅诊、问诊、触诊和叩诊，其中视诊就是"四诊"中的望诊，听诊和嗅诊就是"四诊"中的闻诊，问诊还是问诊，而触诊和叩诊就是"四诊"中的切诊。"四诊"也好，"六诊"也罢，都是临床诊断的基本方法，都是建立准确诊断的先决条件。

【PPT3】本讲主要介绍六个方面的内容：一、问诊；二、视诊；三、触诊；四、听诊；五、叩诊；六、嗅诊。

【PPT4】动物就诊之前，最了解动物病情的不是兽医，而是畜主或饲养员。问诊的目的就是要弄清疾病的发生、发展过程，以获取更多的资料，来判断疾病的性质。问诊是疾病诊疗中极其重要的环节，能否获得有用的病例资料，全在于问诊的技巧。医生的问诊对象多半是患者本人，而兽医的问诊对象全部是畜主（或饲养员）。问诊主要包括三方面的内容，分别是现病史、既往史和饲养管理情况，这个将在后面做详细介绍。问诊实质上是一种沟通，其目的主要有三：第一，问诊可收集其他诊断方法无法取得的病情资料。兽医看到动物只是片刻，想以一瞥之资料推测全部之病情，难免会产生盲人摸象的错误。第二，问诊对其他诊断方法具有指导意义。曾经见到一个病例，是一只两三个月大的小泰迪，主人抱在怀里，说它在来之前一直抽搐。抽搐让我首先想到了犬瘟热，于是进行了犬瘟热抗原检测。因此说问诊对于进一步的检查具有指导意义。第三，问诊有利于兽医与畜主建立良好的信任关系。与畜主沟通顺畅，是建立诊断的关键。畜主不配合，再好的医术、再好的医疗条件都是枉然。刚才提到的那只小泰迪，犬瘟热抗原检测阴性，排除了犬瘟热。临床检查看不出任何问题，只能进一步问诊。由于良好的沟通，最后得知主人每天饲喂两次，每次只喂三四颗狗粮。泰迪虽小，一次三四颗狗粮似乎连基本能量也满足不了，更不用说其他营养物质了。因此，高度怀疑该犬是低血糖引发了抽搐。于是，我让学生给小泰迪灌服了 20mL 高渗葡萄糖，结果不到 10 分钟下地走了。问诊是一件奇妙的事情，很多疾病的诊断不是检查出来的，而是问出来的。当然，问诊也是检查方法的一种，只不过只需要动动嘴就可以了，但是这种动嘴却隐藏着很深的玄机。

【PPT5】"问诊"虽然突出一个"问"字，但更重要的是倾听，并在倾听的过程中迅速捕捉有用的诊断信息。问诊大体上分为四部分，首先是主诉。主诉是畜主的自我表达，介绍动物的异常情况，以及异常的发生过程。这个过程，通常由畜主自由阐述，兽医可适当引导，但不做过多干涉。主诉结束后，兽医大致掌握一些基本情况，可根据自己的怀疑进行有目的询问。询问方式多种多样，不拘一格，但始终围绕着三大问题进行，即现病史、既往史和饲养管理情况。现病史是指动物现在所患疾病的全部经过，即发现疾病的可能原因，疾病发生、发展、诊断和治疗的过程。现病史强调现在正在发生的疾病过程，有可能是一个小时前，也可能是一天前、十天前，甚至一个月前、一年前。发病的长短不是区别现病史与既往史的依据，只要是和正在发生的疾病相关联的、中间没有中断的病史都是现病史。而既往史是指患病动物以前的健康状况、过去曾患过的各种疾病、外科手术史、过敏史、家族史等，特别是与患病动物现患病有密切关系的疾病。既往史说穿了就是现患病之前的病史，中间隔着一个或几个健康状态。我们日常生活中经常说："老毛病又犯了。""老毛病"说的就是既往史，"又犯了"则讲的是现病史。调查既往史就是怀疑是不是"老毛病又犯了"，以便缩小诊查范围。饲养管理情况也是问诊的重要内容，因为在集约化养殖普遍盛行的今天，很多疾病都是"养"出来的。管理科学、规范则病少，管理混乱、无序则病多。问诊虽有三方面的内容，但不是逐一去问，而是应该相互穿插，有取有舍地去问。问无定法，以掌握核心病史资料为最终目的。

【PPT6】下面重点介绍一下现病史和饲养管理情况的问诊内容，先来看现病史。第一，要问发病的时间和地点。不同的发病时间、不同的发病地点，所发生的疾病可能不尽相同，因此对诊断来说有重要的参考价值。例如，牛早晨于水草丰茂之地放牧，突然倒地抽搐，可能是患有青草搐搦，一种缺镁引发抽搐的疾病。同样是一头牛，在产仔之后躺卧不起，头颈呈"S"状，可能患的是产后搐搦，也称产后瘫痪或子痫。再例如在山花烂漫的春季，却有动物打喷嚏、流鼻液。一把鼻涕一把泪与"她在丛中笑"的诗词意境完全相反，可能是花粉过敏。第二，要问疾病的表现。所谓疾病的表现，就是我们前面讲过的症状。动物有没有咳嗽、有没有呕吐、有没有腹泻、有没有排尿困难、有没有食欲废绝，有没有嗜睡等，都要搞清楚。症状是推断疾病重要线索，不能错过。临床上，只要幼犬来就诊，我们就得问有无呕吐、有无腹泻、有无便血，因为这些是怀疑犬患细小病毒病的重要依据。第三，要问疾病的经过。疾病的经过是一种动态信息，比单一的症状信息更具有诊断意义。动物前来就诊，一定要问清楚疾病发生的整个过程：治疗过没有，治疗用的药，治疗后病情是减轻了还是加重了，等等。例如有一幼犬腹泻，前一个诊所使用了诺氟沙星，就是我们通常所说的氟哌酸，无效，转到你的动物医院就诊。你不问青红皂白，又给幼犬注射了恩诺沙星，最后发现腹泻是止住了，却从此站不起来了。诺氟沙星与恩诺沙星同属于氟喹诺酮类药物，重复或大剂量使用会导致幼龄动物软骨发育不良。动物来之前是个"聋子"，最后让你给治成一个"哑子"了，这就是没有问清疾病经过的后果。第四，要问疾病可能的原因。畜主提供的疾病原因，是兽医重要的参考依据。如果畜主说老鼠药中毒了，可能真是老鼠药中毒；如果畜主说食管被骨头卡住了，可能真的被骨头卡住了。畜主提供的可能原因，不能忽视，但也不能全信，因为畜主毕竟不是兽医，很多情况下他们只是凭着感觉猜测，我们不能被误导。例如，犬细小病毒病是由犬细小病毒这种病原引起的，不可能是其他原因。但畜主却能够提供千奇百怪的原因，如吃了生鸡蛋、吃了板栗、吃了鸭骨头、吃了剩菜剩饭、洗了个凉水澡、遭到太阳晒等。如果非要说这些是原因的话，充其量属于诱因，距离疾病的真相还有较为遥远的距离。曾经有一条老狗，十几岁了，病病殃殃，数天不吃不喝，前来就诊。主诉该犬吃下了鱼钩，于是我们拍了好几张X线片，却未发现任何鱼钩的影子。鱼钩属于金属密度，在X线下是无所遁形的，但畜主不信，非让我们割开动物肚子，在胃肠里找一找。结果鱼钩没找到，反而找到一条一米多长的绦虫和一个足球大小的脾脏肿瘤。畜主提供的信息，可能是诊断线索，也可能是误导信息，需要我们理性判断。第五，要问畜群的情况。最近是否引进新动物，附近养殖场是否有类似疾病，不同类的动物是否发病等。很多疾病属于群发病，如口蹄疫、非洲猪瘟、小反刍兽疫、禽流感等。一旦周边有类似疾病流行，我们首先要确定的是就诊动物所患疾病是否与周边流行的疾病一致。同一种群中也要确定是单发病还是群发病，因为这是决定诊断方向的问题，不容忽视。现病史的问诊再详细、再琐碎都不为过。再来看饲养管理的具体问诊内容。第一，要问日粮的组成及品质。饲料的单一或品质不良，最容易发生维生素缺乏症或微量元素缺乏症。前几天，有一位畜主给我发了条彩信，并打了电话。说他家马犬的眼睛、鼻子异常干燥，眼周围充满干性分泌物。我的第一反应是犬瘟热。但畜主说犬瘟热检测过了，阴性。说实在的我也没见过这种疾病，一边在心里飞快地猜测着各种可能，一边例行公事地问道："狗每天喂什么？"畜主说喂包谷面。包谷面，这是典型的饲料单一，再结合干眼的临床症状，我怀疑这只狗患的是维生素 A 缺乏导致的干眼病。因此，我对畜主说你给狗喂点鱼肝油吧，动物肝脏和蛋黄也行，实在不行买点胡萝卜剁吧剁吧拌到包谷面里一起喂。鱼肝油、肝脏、蛋黄和胡萝卜都是富含维生素 A 的食物。另外，突然变换饲料会使动物产生应激而发病，饲料发霉会导致霉菌毒素中毒病，这些都是要仔细问诊的。第二，畜舍的卫生条件和环境条件。畜舍的光照不足，就可能造成维生素 D 缺乏，维生素 D 缺乏就可能引发佝偻病。养殖场周围存在工业污染，就可能导致重金属中毒，这些都是需要考虑的因素。当年，日本发生的"水俣病"，就是附近化肥厂致海水污染造成的有机汞中毒。第三，要问使役及生产性能。若动物过度使役，或饱食逸居，就会成为多种疾病的诱因。此外，奶牛产奶量下降、蛋鸡产蛋量下降以及动物流产、屡配不孕等都是异常表现，对疾病的诊断有实际意义。最后再次强调一下，很多疾病是问出来的，而不是检查出来的。

【PPT7】前面说过问诊是有方法和技巧的，那么问诊究竟有哪些方法和技巧呢？总的来说，分为基本方法和技巧以及特殊方法和技巧。先来看基本方法和技巧。第一，创造宽松和谐的问诊环境。兽医终归是一种服务行业，精湛的医术必须搭配良好的服务态度，否则不但有碍于诊断的准确性，而且不利于经营。第二，尽可能地让畜主充分表达。宽松和谐的问诊环境，有利于畜主的充分表达；畜主充分表达了，兽医才能获得更多的病史资料。如果不是遇到那种漫天胡侃，不着边际的畜主，尽量不打断其表达，而且在其"卡壳"时还可给予适当的提醒和引导。第三，追溯早期症状出现的具体时间，以及疾病演变的准确过程。病史资料一定要追溯到源头，这样才能更有利于诊断。知晓源头，再了解疾病的发展过程，诊断就会更加准确。第四，在问诊两个项目之间使用过渡语言。如果话题转化得太快，会让畜主产生误会，认为兽医东一榔头西一棒子，天上一脚地下一脚，是个不着边际的人。第五，根据具体情况采用不同类型的提问。如果畜主听不懂专业术语，就采用通俗的问法。如你问畜主："最近有里急后重的症状吗？"什么是里急后重？畜主一脸茫然。这时你就可以换种问法："是不是经常看见动物想排便，最后却什么也没拉出来？"第六，问诊时注意系统性、必要性和目的性。问诊时，兽医要有心理预判，有目的地问，拣必要地问，虽然看似杂乱，实则自有体系。

【PPT8】接下来我们来看特殊情况下的问诊技巧。第一，畜主缄默与忧伤。这时候我们不要急于问诊，而应该耐心等待，等畜主情绪平稳后再开始问诊。

问诊时，要保持严肃、降低语速，以免引起畜主的误解与不快。第二，畜主焦虑与抑郁。这时应好言宽慰，但不能脑子一热就拍胸脯担保一定能治好。疾病这东西瞬息万变，什么意外情况都可能出现，在任何时候都不能保证有100%的把握。一旦信誓旦旦出言担保，最后将"后患无穷"。第三，畜主话多与唠叨。任何时候遇上话痨的人都不是一件愉快的事，更何况是诊疗时。一旦遇到，也只能正确面对，利用一切机会巧妙地打断他的话头，让其回归到诊疗的主题上来。第四，畜主愤怒与敌视。面对这样的畜主，一方面要理解他的情绪；另一方面也不能过分纵容，做到不卑不亢。也就是说既要保持救死扶伤的仁心，又要保持兽医的尊严。第五，患病动物多种症状并存。要把握实质，抓住关键，先就危及生命的问题与畜主进行沟通，次要的留待以后慢慢沟通，但要埋下伏笔，不然就会将自己陷入"奸商"的境地。第六，畜主文化程度低下和语言障碍。要用更通俗、更简洁的语言与之沟通，而且要反复确认。第七，畜主是残疾人。问诊时，语言先自斟酌，后出口，一定要注意避讳。第八，畜主是老年人。要语句简单，语言通俗，语速缓慢，内容重复，多些耐心。第九，畜主是未成年人。初步了解情况后，要设法与其家长进行沟通，以避免以后出现不必要的争端。总的来说，特殊情况要特殊对待，这不是一时半会儿就能讲得清楚、学得会的，需要在实践中不断历练，才能得心应手，运用自如。

【PPT9】问诊还有许多注意事项需要了解。第一，与畜主建立良好的关系。兽医与畜主之间应相互信任，因为救治动物的目标是一致的。兽医要和蔼、有礼貌，与畜主既不能走得太近，也不能离得太远，要保持一个合适的度。再者，不能因为建立了良好关系，就忽略了诊断文书的签订。不论与畜主的关系如何，一切诊疗都得按章程办理。第二，通俗易懂。问诊要与当地的语言习惯结合起来，如在新疆洋葱要说皮牙子，蜱要叫草鳖子，否则就有问诊双方格格不入的可能。第三，避免诱问和逼问。问诊和刑讯有相通之处，不能给畜主下套，更不能逼迫畜主说一些虚假、夸张和无中生有的东西。否则，兽医即便得到了预期的诊断结果，也与真实情况相去甚远。第四，避免重复提问。问诊中反复确认是必需的，但过度地重复提问，会引起畜主的反感。第五，甄别问诊内容的真实性。前面也讲过，畜主提供的病史不能不信，但也不能全信。过分爱护动物的畜主，容易言过其实；对动物漠不关心的畜主，往往一问三不知；而一些为逃避责任或故意给兽医挖坑的人，常常提供虚假病史，使兽医的诊断"误入歧途"。第六，验证与补充。问诊过程中应及时小结，这样既有利于记录，又有利于确认。第七，重症患病动物的问诊。兽医要亲切、真诚、客观，既不放大病情以便日后推卸责任，也不隐瞒病情以求安慰畜主。第八，非本院资料。对于转诊病例，其提供的检查报告，仅供参考。如有疑点，需重新检测。我遇到过多次在其他地方检测为犬瘟热或细小病毒病，经再次检测根本没病，仅服一次药就已痊愈的病例。第九，保密。动物的病史资料要妥善保存，避免泄露，尤其是畜主的一些必要信息。问诊是一种专业人士同非专业人士之间的沟通方式，总的原则是让环境变得和谐，让专业变得通俗，让对话变得平等，让信息变得透明。

【PPT10】问诊是一种间接获得资料的方式，而视诊是一种直接获取信息的方法。对于临床检查而言，视诊的地位无可撼动，永远居于首位。刚才讲的问诊固然重要，但也要在视诊的基础上酌情而定。视诊是兽医利用视觉直接或借助器械间接观察患病动物的整体或局部表现的诊断方法。目光如炬，心如明镜，才能充分发挥好视诊的功能。视诊的范围有多大？实际上目之所及，都是视诊的范围。具体而言，包括动物的全身状况、局部状态和所处的生活环境。全身状况包括体格发育、营养、姿势、步态、体位和表情等。如图中的犬，给人的第一感觉就是太胖，明显的营养过剩。局部状态包括皮肤、黏膜、头颅、四肢和骨骼等。生活环境包括圈舍、饲草料存放处以及周边的地理环境和工厂分布等。通常情况下遵循"先大后小"的原则，即先视诊环境，后视诊畜群，再视诊个体，最后视诊局部。

【PPT11】视诊的内容包括五个方面。第一，病畜的整体状态。具体包括精神状态、体格发育、营养状况、姿势、运动和行为等。图中的牛精神状态一般，体格发育较差，至于营养状况，显然差到无以复加的地步，满眼都是肋骨条和骨骼棱角。看病首先得从整体状态入手，然后才能着眼于局部。第二，表被组织。具体包括被毛的光泽度，有无脱毛，皮肤的颜色，有无创伤、溃疡和肿瘤等病变。第三，生理活动异常。具体包括呼吸困难、咳嗽、反刍停止、排尿困难、呕吐、腹泻及痉挛等。一切不同于正常生理活动的表现，都可能是异常情况。第四，与外界直通的体腔。具体包括口腔、鼻腔、耳腔、眼和阴道等器官的黏膜及其分泌物等。与外界直通的体腔检查，有时候需要借助简单的器械，如开口器、开膣器等。第五，场地和环境，具体包括畜群面貌、个体异常、畜舍卫生、饲料堆放及生产记录等。环境对疾病的影响十分突出，在视诊过程中千万不能忽略。

【PPT12】视诊过程中也需要注意一些问题。首先，要注意视诊场所。视诊场所要保持安静、整洁、温度适宜，这样才能看到动物最真实的状态。若环境嘈杂、污秽不堪，很多症状将被掩盖，从而难以甄别。其次，要注意视诊顺序。视诊一般遵循"由远到近，由静到动，由群体到个体"的顺序，但也不尽然，可根据诊疗的实际情况予以调整，但一定要做到视诊全面。最后，要注意视诊时的光线。视诊，尤其是辨别颜色时，光线最为重要，以自然光为最佳，其次是明亮的日光灯。那种白炽灯或彩色灯会干扰正常颜色识别，也会影响光线的清晰度。在动物医院，视诊是从动物进门开始的，而不是通过近距离的问诊或检查才开始。

【PPT13】触诊通常是用手来完成的，手是人最灵活的器官。伸展为掌，握住为拳；前有掌心，后有手背；分而为指，合而为掌。在触诊过程中，掌有作用，拳有功用，指有妙用；掌心可按压，手背可感知。说了半天，什么是触诊？触诊就是利用检查的手或借助器械触压动物体，根据感觉来了解组织器官有无异常变化的一种诊断方法。触诊用的是触觉，使用的是手或器械，感知的是动物体的状态。那么，感知动物体的状态又是为了什么呢？目的有三：第一，判断病变的位置、大小、形状、硬度和温度等；第二，判断被检部位的敏感性，如疼痛、喜按或者拒按等；第三，判断生理性或病理性波动的位置、强度、频率、节律和性质等。

【PPT14】触诊的方法有哪些？触诊的内容是什么？接来下我们共同来探讨一下。触诊可分为浅部触诊和深部触诊。其中，浅部触诊又可分为手背触诊和手指按压与揉捏；深部触诊可分为按压触诊、双手触诊、冲击触诊和切入触诊。手背触诊应用的范围较小，仅适用于体表温度和湿度的检查。有人说了一些不着边际的话，我们常常会用手背去触碰他的额头，以判断他是否因发烧而说胡话。动物虽然没有说胡话的可能，但也需要我们用手背去感知其体温。感知动物皮肤的湿度也是如此，虽然说手掌也不是不可，但是终归是手背更加敏感一些。手指按压与揉捏，这一方法适用于判断体表肿物的性质。肿物是软是硬，是活动还是固定，需通过手指的灵活触压才能判断清楚。按压触诊，主要用于判断胸、腹壁及深部器官的敏感性，如大动物的肾脏，按压力量的大小可视动物的承受能力而定。双手触诊，主要用于中、小动物腹腔器官的检查。这里的双手触诊，不是指双手并排按压，而是指双手环腹而对触。根据这一动作的规范性，大动物显然是不适用的，因为兽医没有那么长的手臂从动物臀后环抱其腹，即便有那么长的手臂，也不敢环抱，因为那样会被大动物踢残的。冲击触诊用拳或掌，主要用来感知大动物腹腔及腹腔器官的状态，如瘤胃和肠管等。冲击触诊力量宜大，不论用拳还是用掌。切入触诊用指，通常是沿着肋骨边缘触诊肝或脾的边缘。切入触诊重点是"切"，五指伸展如刀，以指尖用力切入，以此感知器官的状态。其实，还有一种更深入的触诊方法，称为直肠触诊，也叫直肠检查，就是把手伸进大动物的肛门，沿着直肠不断深入，通过骨盆而间接感知其他脏器的状态。这种检查方法为兽医独有，后面有专门的章节介绍，这里不再赘述。

【PPT15】触诊是一种近距离的检查方法，必须注意以下事项：第一，保证安全。兽医上所说的安全是两方面的，一是动物安全，二是检查者安全。触诊尤其是深部触诊时，动物要保定确实，以免伤到检查者；检查者动作切忌粗暴，力道要合适，以免伤到动物。第二，遵循原则。触诊一般遵循"先健后病，先远后近，先轻后重，病健对比"的原则。这一原则实际上就是一个试探过程，既可以避免伤到动物，也可以避免动物因吃痛受惊而伤到人。第三，识别异常。触诊结果是正常还是异常，很多时候并不是一上手就能知道，需要反复比较，仔细甄别。必要时可与健康动物的相应部位进行比较，反复感知，才能做出准确的判断。第四，感知温度。体表温度要用手背去感知，同时注意躯干与四肢的温度，以及病区和健区的温度对比。些许体温变化，靠手背很难感知，因此动物体温变化还得依靠体温计进行检测，不能随手一摸便妄下结论。第五，综合判断。触诊只是诸多检查方法中的一种，而疾病的诊疗是复杂的，因此需要综合视诊、听诊、叩诊等多种诊断结果，才能得出较为准确的结果，否则容易误诊和漏诊。

触诊主要用手，必要时可借助器械，但实质都是靠触觉感知异常。鉴于手的灵活性，拳、掌、指都可以用来做触诊检查，可根据不同的检查内容灵活使用。不论浅部触诊，还是深部触诊，都要以保障人畜安全为前提。

【PPT16】若说触诊可以检查浅部组织，也可以检查深部器官，那么听诊就完全是一种深部器官的检查方法。视诊靠视觉，触诊靠触觉，听诊靠的就是听觉。听诊是以听觉听取动物内部器官所产生的自然声音，然后根据声音的特性判断内部器官物理状态与机能活动的诊断方法。从听诊的概念来看，听诊依靠的是人的听觉，听诊的对象是能够产生声音的器官，着眼点在声音的性质，目的在于判断器官的机能状态。这就是听诊，根据以上分析，大家可以思考一下，听诊可以用于哪些器官的检查？欲用听诊，这些器官必须具备能够发出声音的特点。那么，哪些系统、哪些器官能够发出声音呢？大家可以简短地思考一下。首先是心血管系统，没有心脏的跳动、瓣膜的闭合、血流的冲刷，何来我们这些活蹦乱跳的生物？其次，是呼吸系统。气流经呼吸道进出于肺，狭小的支气管腔在气体不断进出的过程中会产生粗大的支气管呼吸声，而肺泡在气体来去的反复中会产生轻柔的肺泡呼吸音。最后，是消化系统。胃肠的蠕动声，轻如流水，重似雷鸣，此起彼伏，才能把吃下的食物磨碎成可吸收的营养。心血管系统、呼吸系统和消化系统是三个能够发声的系统，因此最适合听诊。而泌尿系统、生殖系统、神经系统、免疫系统和内分泌系统处于寂寂无声的状态，既少了几分韵律之美，也缺失了一种诊断之法。心血管系统主要听诊心音的频率、强度、节律、有无分裂和重复以及杂音等。呼吸系统主要听诊肺泡呼吸音、支气管炎呼吸音和一系列的病理性杂音（如啰音、捻发音和空瓮音等）。消化系统主要听诊胃肠的蠕动音的频率、节律和强度等。

【PPT17】听诊可分为直接听诊和间接听诊。直接听诊就是将耳贴于动物体表，直接听取动物心血管系统、呼吸系统或消化系统发出的自然声音。这种方法简单，不需要任何器械，但需要十二分的小心，因为在聚精会神之际脑袋容易被驴踢着。再者，与动物体表耳鬓厮磨，残粪败渣会弄得你灰头土脸，实在有损兽医的形象。最关键的是承受了危险，忍受了肮脏，最后却什么都听不清楚，难免让人产生可叹、可悲的不良情绪。因此，我们现在普遍采用间接听诊法。间接听诊法需借助听诊器，将集音头放于动物体表，耳件插于耳道，如听音乐般自如，就能获取目标声音。听诊器集音头有钟式和鼓式之分，如图所示，鼓式有膜，钟式有锅。深部器官发出的微弱之音宜用钟式，而浅部器官发出的洪亮之声宜用鼓式。自从听诊器发明以来，兽医再也不用卑躬屈膝、弯腰偻背，而且声音清晰、卫生安全，不如意之处是集音头和软管易摩擦生音，嚓嚓有声，干扰正常的听诊。

【PPT18】在兽医临床诊疗中，要养成"听诊器维系着诊疗工作"的习惯。然而，目前的状态是水平低的动物医院不会听诊，水平高的动物医院不屑于听诊，致使听诊流于形式，未能充分发挥其作用。市面上新近翻译出版了一本关于听诊的书——《心肺音速查手册：犬猫心肺听诊教程》，建议大家阅读。听诊水平提高了，也会相应地提高其他诊断能力。听诊时，首先要注意周边环境的安静性，各器官虽然能够产生声音，但毕竟十分微小，缺乏聚精会神的聆听，不可能获得有价值的听诊音。其次要固定好集音头，身体要远离软管，防止产生杂音。最后要注意安全，听诊一方面要像王母娘娘开蟠桃会——聚精会神，另一方面又要时刻注意动物的反应，以保证自己的人身安全。我一直对学生说，永远不要相信"我们家的狗不咬人"这种鬼话，除非你嫌命长。听诊器是内科医生的最基本配置，也是兽医最基本的配置，我们一定要充分发挥其诊断价值，而不是吊到脖子上，仅作为一种装饰。听诊听的是内部器官的声音，判断的是内部器官的状态。心血管系统、呼吸系统和消化系统是听诊的对象，间接听诊是当前主要的方法。广义上的听诊，远不止上述三个系统，一切入耳的与病情有关的声音，都应该纳入听诊的范围。

【PPT19】叩诊是触诊与听诊结合的一种诊断方法。只不过这种触是一种短暂而反复的触，这种听是一种不需要借助器械、不需要弯腰弓背的听。叩诊就是敲打体表某一部位，根据所产生的音响性质来判断内部病理变化或某一器官的投影轮廓。叩诊简单而言就是操作时靠敲打，诊断时凭声音。由于各组织器官含气状态的不同，音响性质有所差异，以此判断其功能状态。当年，敲木桶判断酒多酒少，如今敲体表判断器官内部气多气少。体内的每一个器官其大小相对恒定，投影到体表的位置也相对恒定。反过来说，如果体表投影轮廓发生较大改变，内部器官大小或位置必然也发生了较大改变。这就是叩诊方法应用的由来。叩诊主要用于胸壁和腹壁以及其内部器官的检查，此外副鼻窦和体表肿物也可应用之。对于胸壁来讲，可确定肺区和心区的界限，用以判定肺脏和心脏的病变情况；对于腹壁而言，可以确定胃肠道的性质、含气量，用以判定其病变情况。至于副鼻窦，主要判断其有无炎症、蓄脓；肿物主要判断其大小和性质等。叩诊是触诊的深入，听诊的延续。

【PPT20】叩诊分为直接叩诊和间接叩诊。直接叩诊是以叩诊锤或弯曲的手指直接叩击动物体表某一部位的方法，即叩诊锤或叩诊的手指直接接触体表。临床上发生瘤胃臌气、肠臌气、副鼻窦炎及喉囊炎时，均可采用直接叩诊法。间接叩诊是在被叩击的体表部位上，先放一振动能力较强的附加物，然后向这一附加物体上进行叩击的一种诊断方法。其中，用来叩击的物体称为叩诊锤，附加物体称为叩诊板。叩诊锤带把，其头部用来叩击的部分用橡胶制成，既有硬度，又有弹性。若是纯钢打造，再皮糙肉厚的动物也消受不起。叩诊板有各种材料，通常为铁质，也有硬塑料或骨质的，但不管是何材料，总有一个把柄被人握在手中，因此乖乖就范，想跑是跑不掉的。直接叩诊也好，间接叩诊也罢，操作好了才能产生可辨之音，操作不好多半"呕哑嘲哳"，徒增噪声。

【PPT21】间接叩诊又可分为两种，一种是指指叩诊，另一种是锤板叩诊。指指叩诊简单、方便，不需要器械，但是声音传导有限，仅适用于中、小动物的叩诊或大动物的浅在部位的检查。锤板叩诊叩击力量大，振动与传导范围广，适用于大动物和深部器官检查，但是需要借助专门的器械，而且叩诊锤的橡胶头容易老化，需要定时更换。指指叩诊与锤板叩诊的方法属于实验内容，会在实验课中进行示范和练习，这里不再赘述。只强调一点，那就是注意叩诊的力量、方向与节奏。

【PPT22】不论什么叩诊方法，叩出可辨识的声音才有诊断价值。各器官含气量的不同，其产生的音响效果各异。不含气的器官产生的叫实音，就如同过去装满酒的木桶，音调低沉，传导不远。正常时见于厚实的肌肉及不含气的实质器官与体壁直接接触的部位。叩击覆盖有少量含气组织的实质器官可产生浊音。正常时见于肝脏和心脏部位的胸部叩诊。叩击富有弹性的含气器官可产生清音，正常时主要见于肺的胸部叩诊。屈原曾有诗云："举世皆浊我独清"。若将这里的"清"当作清音，那么"我"就是肺区(肺在体表的投影)了。纵观健康动物的周身区域，唯有肺区呈清音。因此，从叩诊的角度讲，肺区是一个洁身自好的身体区域，值得我们珍视，坚决不能让其沦落为香烟和雾霾的过滤器。叩击含有大量气体的空腔器官可产生鼓音。正常时见于瘤胃的上 1/3 和马属动物的盲肠基部，即反刍动物的左肷部和马属动物的右肷部。叩诊可产生四个基本音，依据其含气量由少到多可分为实音、浊音、清音和鼓音。但在实际临床诊疗中，还存在半浊音、过清音和金属音。大家可以考虑一下，若要按照含气量的多寡给半浊音、过清音、金属音和前四个基本音排个座次，应该是一个什么顺序呢？

【PPT23】叩诊有以下注意事项。第一，力量。叩诊深部器官要重，叩诊浅部组织要轻。第二，节奏。每次叩击2~3下，连续叩击数次，每次中间间隔的时间要相等，使之听起来有稳定的节奏感，这样才能叩出理想的叩诊音。第三，垂直。叩诊锤与叩诊板要垂直，短暂即离，使产生的声音干净利落，而非拖泥带水。第四，浅压。叩诊板不能强力强迫体壁，但也不能松松垮垮，浅压即可。第五，少触。除叩诊板外，其余部分，主要是检查者的手，不得接触体壁。第六，均匀。所用力道均匀相等，切忌轻重缓急不等。第七，安静。叩诊音需要在安静的环境中辨别。第八，对比。叩诊音是一种相对的音响，不是钢琴上的标准音。因此需要反复对比，才能判断其是否异常。病健对比，在叩诊法中同样适用。

【PPT24】"六诊"已介绍五诊，下面来看最后一诊——嗅诊。嗅诊的应用范围相对较窄，但在某些疾病的诊断中仍有十分重要的作用。嗅诊是利用嗅觉发现、辨别动物呼出的气体、口腔异味、排泄物和分泌物异常气味与疾病之间关系的一种检查方法。概念中已经表述得很明白，嗅诊主要用来辨别呼出的气体、排泄物和分泌物的特殊气味，以此作为诊断的依据。哥伦比亚作家加西亚·马尔克斯所著的《霍乱时期的爱情》开篇就写了一起自杀事件，在事发地点弥漫着一股苦杏仁的味道。苦杏仁味就是嗅诊的结果，这种味道通常见于氢氰酸中毒。在兽医临床上，若闻到呼出的气体有烂苹果味，奶牛可能患有酮病；若闻到大蒜味，动物可能患有有机磷中毒；若汗液中有尿臭味，动物可能患有尿毒症；若鼻液中混有腐败味，动物可能患有坏疽性鼻炎、支气管炎或肺炎等。嗅诊的方法和化学课中学过的一样，用手将气味轻扇到鼻部，轻嗅即可，切不能深吸，以免造成中毒。

【PPT25】六种诊断方法需要充分调动兽医的各种感官，如触觉、嗅觉、视觉和听觉等。六种诊断方法讲时是单讲，但用时却是全用。至于先用什么，后用什么，并无定法，只能提供一个参考顺序。无论是哪种诊断方法，都可以直接建立诊断，但这样的病例不会太多。更多的是需要用尽所有的一般检查法，甚至实验室检查法和特殊检查法，才能给出一个相对准确的诊断。问诊主要了解发病的原因和情况；视诊可获得整体及外表病变的初步印象，为深入检查提供线索；触诊可以进一步判断局部病变的性质，了解组织器官的状态；叩诊可确定内脏器官的物理状态，对胸部肺脏病变有独特意义；听诊不仅能够提供内部的形态变化，而且可为进一步了解和判定机能状态提供指导；嗅诊是以上五种诊断方法的有益补充。六种诊断方法通常情况下，先进行视诊和问诊，了解整体状况，然后进行触诊了解浅部及深部组织病变，最后进行叩诊和听诊，对深部组织的机能状态做进一步的确认。在使用以上五种诊断方法的同时，可适时选用嗅诊作为补充。

【PPT26】兽医临床诊断的基本方法有六种，分别是问诊、视诊、触诊、听诊、叩诊和嗅诊。每一种诊断方法都有其适用范围、检查内容、检查方法和注意事项，这些需要我们牢牢掌握。可以这样说，没有临床基本检查法，再高大上的检查方法都是没头的苍蝇。只有充分掌握了临床基本检查法，实验室检查法和特殊检查法才能起到锦上添花的作用。

本讲寄语是："传道授业光明正大，答疑解惑细致入微。"教育的本质，传道为先，授业次之，解惑为末。但目前的教育，尤其是专业教育，对于传道明显不够。缺乏人格的感染、道德的培养，知道再多的专业知识又能如何？每个专业都有自己的文化，但鲜有老师了解，更乏人传授。没有根植于心的专业文化，如何能够喜欢自己的专业，认同自己的专业，发展自己的专业？兽医本是一个有文化的专业，但在民间几乎是屠夫的代名词。中国古代之兽医典籍，文辞华丽，语句流畅，哪一部不是文化人所做？《司牧安骥集》的作者李石，科考为进士，官至宰相。英国乡村兽医吉米·哈利，以其优美的文笔和潜藏在骨子里的幽默，征服了世界多少读者。传道，传授为人之道、人间正道，是教育工作者的首要任务。内心光明、外表正大，是为师者的核心素质。

有了人间正道，还要有广博的专业知识，才能在某一领域有所建树。在求知的过程中，疑问常有，迷惑常在，这时就需要老师加以引导和解答。问者不拘常理，答者不离正道，久而久之，人才自成。当前的教育教学，最缺乏的是问答。学生赖得问，老师疏于答，因此学生很难形成自己独有的思想。细读《论语》，问答贯穿始终，教育注重当下；随时随地随意问，任人任事任意答；问者基于思考，答者意在启发。这样的教育教学，才是我们需要的。

第4讲　临床检查的程序和方案

【PPT1】掌握了临床检查的基本方法，即问诊、视诊、触诊、听诊、叩诊和嗅诊后，还需要了解临床检查的程序和方案。否则，纵然身怀绝技，也会诊疗无门，因为你不知道从哪里下手？如何下手？

【PPT2】这一讲我们来学习一下，面对病例，我们应该先做什么，后做什么。也就是说，面对病例怎样才能做到井然有序？

【PPT3】本讲主要介绍三个方面的内容：一、病畜的登记；二、病史调查；三、畜群检查。

【PPT4】先来看病畜的登记。也许有人会问，看病还可以算得上高深知识，登记怎么能登大雅之堂？实际上登记是获得病史资料的第一步，没有清晰的病畜背景，何来准确的临床诊断？那么，登记包含哪些内容呢？主要有七个方面。第一，动物的种类。动物的种类不同，所发生的疾病类型及其病程和转归都不一样。例如，口蹄疫只发生于偶蹄兽，马属动动物及犬、猫等动物并不感染；禽流感只感染禽类，哺乳动物并不感染。第二，品种。品种不同，对疾病的抵抗力不同，其耐受力和患病的严重程度也不尽相同。同样是犬，柯利类犬如苏格兰牧羊犬、英国古代牧羊犬和边境牧羊犬等，极易造成阿维菌素类药物中毒，而其他品种的犬如德国牧羊犬、巴哥犬、贵宾犬、金毛犬和哈士奇等均无任何不良反应。第三，性别。性别不同，某些组织器官的解剖结构和生理功能均不同，因此疾病发生上存在着巨大的差别。生殖系统的疾病自然不同，其他疾病如中毒病、营养代谢病和某些传染病也存在着或大或小的差异。在兽医临床上，千万不要把性别搞错，否则会闹出很大的笑话。一位客户，约我给他的猫做绝育手术，当我准备好一切准备给猫麻醉的时候，发现会阴之处吊着两个硕大的睾丸。被当女儿一样养了一年的猫，转眼间变成了儿子。幼龄猫的性别是极难分辨的，但成年之后一看生殖器官便知。猫主人从未养过猫，从小就把它当母猫对待，所以才会发生误会。当然，这样的错误兽医应该承担一定的责任，没对猫进行临床检查和身份验证就直接准备手术，有行医不规范的嫌疑。这是发现早的，还有人将猫麻醉、肚子划开，却死活找不到卵巢，急得满头大汗、几乎瘫痪时才对性别起了怀疑："不会是公猫吧？"结果一摸屁股后面，睾丸赫然。因此，兽医不但要登记好动物性别，必要时还要起身验证，要不然就会成为别人茶余饭后搞笑的段子。第四，年龄。不同的年龄发生不一样的疾病，如犬细小病毒病，主要发生在2~4月的幼犬，成年之后几乎绝迹。同样是大肠杆菌感染，一周龄之内的仔猪患的是仔猪黄痢，10~30日龄患的是仔猪白痢，而断奶之后患的是仔猪水肿。再如钙磷代谢障碍，幼龄动物患的是佝偻病，成年动物患的是骨软症，这就是年龄造成的差异。第五，毛色。听到这两个字，很多人会感到奇怪。毛色也能成为影响疾病的因素？答案是肯定的。临床有一种病叫感光过敏，其实质是一种中毒病。就是动物采食了感光物质，在太阳光中紫外线的照射下发生的一种皮肤病变。这种病的奇怪之处在于并不发生在深色皮肤的动物，而发生在无色或浅色皮肤的动物。图中的马，白色唇部皮肤尽皆脱落，而深色之处基本无恙。所以说，一般情况下，深色动物较浅色动物对某些皮肤病有较强的抵抗力。第六，动物体重。动物的体重是我们必须要了解或准确知道的。在宠物医院，进门都有秤，就是为了测量动物体重而准备的。体重与用药剂量密切相关，危急时刻也可以辅助判断动物的脱水状态，因此不得不知。第七，动物用途。动物的用途不一样，发生的疾病就可能也不相同。使役的动物易发生肺气肿，整天被精心喂养的宠物易患胰腺炎。病畜登记表面上看是一种形式，实际上有丰富的诊断内涵。一名好的兽医，善用每一个诊疗环节，在他的观念里，没有无用的信息，更没有无用的诊疗环节。

【PPT5】完成基本信息登记后，开始着手病史调查。病史调查主要通过问诊、视诊和翻阅生产资料而获得。病史调查包含五方面的内容，一是畜群现状调查，二是畜群的生活环境调查，三是饲养条件及饲喂制度调查，四是生产性能调查，五是定期检疫情况调查。有了完备的调查资料，诊断工作就完成了一半。

【PPT6】首先我们来看畜群现状调查。第一，要调查的是畜群的组成，包括规模、组成、来源及繁育情况，以及场地周围的其他畜群中有无疫情的发生和不安全因素等。尤其是周边畜群的疫情发生情况，对于当前疾病的诊断具有重要意义。第二，要调查的是病史。畜群的既往史、发病率、死亡率，感染动物的年龄分布、性别分布等都需要调查清楚。发病率与死亡率高低也是诊断疾病的重要依据。第三，要调查的是检疫情况，即是否存在隐性传染、检疫内容与结果、防疫制度、驱虫制度和预防接种实施情况等。牛群每年都要定期进行结核检疫和布鲁氏菌病检疫，若检疫不彻底，淘汰不及时，就可能危害公共卫生安全。如果定时驱虫且效果确实，那么一旦有疾病发生，某些寄生虫病就可以排除在外，否则必须予以考虑。

【PPT7】畜群的生活环境调查包括三个方面的内容，分别是周围环境调查、畜舍环境调查和卫生条件调查。第一，周围环境调查。调查内容包括养殖场的地理位置、植被、土质、水源和水质、气候条件和是否受到工业"三废"的污染等。周围的环境条件，如存在有毒植物，可能引起动物中毒；如受工业污染，可能导致化学物质中毒；如土壤和水中缺乏某种矿物质，会导致矿物质缺乏症等。第二，畜舍环境调查，包括房舍建筑、饲养密度、通风光照、保温和降温、畜栏和畜圈以及运动条件等。图中的鸭子布满了水面，这就是养殖密度过大的典型。再如畜栏油漆大面积脱落，可能是动物舔舐的结果，就有可能发生铅中毒。第三，卫生条件调查。包括粪便处理、卫生条件及消毒措施等。圈舍内如果粪便不能及时处理，就会产生大量氨气，导致氨中毒。

【PPT8】饲料条件及饲喂制度调查包括饲料组成、饲料营养和饲料贮存与饲喂三部分。饲料组成包括饲料的配方比例及营养价值的评定，青饲料、多汁饲料和青贮饲料的供给情况。饲料配方或饲料配比存在问题，必然导致营养失衡。牛羊等反刍动物精料不宜太多，否则容易发生瘤胃酸中毒和真胃变位等疾病。家禽的饲料中的蛋白质也不能过高，否则易导致家禽痛风。饲料营养包括维生素、矿物质和微量元素等营养物质的补充情况。上述营养物质添加不足会导致缺乏症，添加过多又会出现中毒病。而且各元素之间存在一定比例，比例失衡也容易造成疾病的发生，如钙磷比例失调、铜钼比例失调等。饲料贮存与饲喂包括饲料的贮存方法、加工方法、饲喂方法、饲喂制度及其改变情况等。有一个人，以前是养猪的，结果没养好，猪都死了，后改养羊，考虑到之前剩下的猪饲料不吃也是浪费，就转赠给了羊，结果没吃多久，满圈的羔羊相继出现了尿血和贫血。猪的营养需求和羊的营养需求天差地别，有些营养物质如铜，用来喂猪是越多越好，而用来喂羊则是越少越佳。如此不明所以的胡乱用料，必然导致严重的后果。

【PPT9】生产性能的调查包括畜产品的数量和质量，役畜的使役能力，种畜的配种能力和精液品质，母畜的受胎率和繁殖能力等。一旦生产性能下降，畜主、饲养员或兽医就需要高度重视，因为生产性能下降是疾病的征兆。

【PPT10】定期检疫情况的调查主要包括"两病"检疫、寄生虫检查和尸体剖检。"两病"是结核杆菌病和布鲁氏菌病，就是通常所说的结核和布病。这两种疾病每年必须定期检测，否则易造成公共卫生问题，其危害十分严重。寄生虫更是如此，需定期检查、定期驱虫。对于病死的动物，要进行剖检，以确定寄生虫或传染病的感染情况。病史调查一方面要抓大放小，另一方面也要事无巨细，处理好这二者的关系，就具备了一名合格兽医的核心素质。

【PPT11】畜群检查与个体检查不同，群体注重整体印象，个体着眼细节表现。不同种类的动物群体，其检查内容、检查时间、检查地点均有所差异。对于放牧畜群，应在出牧、收牧及跟群放牧中进行，特别注意检查畜群的精神状态、体态和营养、运动和姿态、采食活动、粪便形状及离群情况等。在成群的动物中发现病畜，这需要良好的视力，更需要敏锐的洞察力。对于反刍动物，应在饲喂后安静状态下观察其反刍活动及嗳气情况，以及被毛和舔迹等。我在牛场实习的时候，每天傍晚喂完牛之后，都要去观看一下万牛反刍的壮观景象。如发现有牛痴痴呆呆，没有反刍的表现，基本上可以断定，该牛生病了，需要单独隔离做进一步的检查。

【PPT12】放牧畜群在行进中检查，而舍饲畜群只能在圈舍观察。观察的重点有两个，一是饲料的数量和品质，二是动物饲喂后生理活动有无异常。所谓生理活动是指采食、咀嚼、吞咽、反刍、嗳气、排粪、排尿、呼吸及眼和鼻的分泌物等。

【PPT13】奶牛与奶山羊属于产奶动物，因此产奶量及奶液的品质是检查的重中之重。在挤奶过程中，奶牛或奶山羊处于静止状态，不仅利于观察动物，而且利于观察乳房和挤奶过程。乳汁要重点关注其颜色和性状，一旦发生改变，则可能是乳房炎的征兆。

【PPT14】成年猪群的检查和仔猪群的检查存在一些差别。成年猪群，注意猪群整体活动状况中出现的个别异常现象，观察其食欲及采食活动、运动及睡眠情况、畜栏或运动场中有无下痢等。仔猪群注意有无异食癖、有无腹泻、有无喘息和咳嗽等。猪这种动物，大群养殖多，而单独饲养少，疾病多见于群发病，因此猪群的整体检查具有重要意义。

【PPT15】兔子是喜欢白天休息，夜间活动的动物，因此白天重点观察其休息状态，而晚间观察其采食活动、精神状态和配种活动等。

【PPT16】犬作为主流宠物，多单独饲养，只有狗场才会成群饲养。犬群检查一般多注意观察其精神警觉状态、叫声、姿态、呼吸和饮欲、食欲等。另外要特别注意观察犬的分泌物和排泄物。

【PPT17】家禽属于群养、群防、群治的动物。在群体检查时一要注意其整体状态，二要观察其异常行为。整体状态多指群体的活动状态、羽毛的光泽度及平滑状态，以及冠和肉髯的颜色等。异常行为多表现为啄食癖和异食癖等。

【PPT18】畜群检查应遵循"先调查，后检查；先巡视环境，后检查畜群；先检查群体，后检查个体；先一般检查，后特殊检查；先检查健康畜群，后检患病畜群"的原则。此外，要正确认识病畜登记的作用。切记，临床检查的任何一个程序都不容忽视。

本讲寄语是："领群雄奋斗，导群众向善。"领导是什么？这是我一直思考的问题。我认为是不是领导，和所在的位置关系不大，关键在于是否能够团结和带领一帮志同道合的人向着共同的目标奋斗，关键在于是否能够让普通人感受并享受到真善美。否则，纵然位高权重，仍不属于领导的范畴，充其量只是个官僚。其实，每个人都是领导，都能或多或少地影响一部分人，带领一部分人，感动一部分人，指引一部分人。尤其是我们这些身为教师的群体，无领导潜质不足以诠释自己的职业。

第 5 讲　整体状态的检查

　　【PPT1】整体状态是兽医对患病动物建立的第一印象，对后续的进一步诊断有着重要的指导作用。
　　【PPT2】这一讲，我们需要明白几个问题：一、什么是整体状态检查；二、如何判断体格发育；三、如何判断营养程度；四、如何判断精神状态；五、如何判断姿势异常；六、如何判断运动异常；七、如何判断行为异常。弄清楚了这七个问题，就弄清楚了整体状态检查的核心。
　　【PPT3】本讲主要介绍六个方面的内容：一、体格发育；二、营养程度；三、精神状态；四、姿势；五、运动；六、行为。这六大内容共同构成了动物的整体状态。
　　【PPT4】先来看体格发育。动物的体格是由哪些因素支撑起来的？换句话说，体格发育的好坏靠什么来衡量？也就是说体格发育好坏的判断依据是什么？可以从四个方面来判断：体躯、结构、肌肉和形象。这四个词分别从四个方面构建起了体格发育的大厦。体躯是否高大，高大就是发育良好；结构是否匀称，匀称就是发育良好；肌肉是否结实，结实就是发育良好；形象是否完美，完美就是发育良好。概括起来讲，发育良好的特点应该是体躯高大，结构匀称，肌肉结实，给人以强壮有力、外形完美的印象。图中的牛，用通俗的话来讲，是要个头有个头，要块头有块头，这就叫发育良好。那么发育不良又是一副什么形象呢？请看图片，身材矮小，如霜打的茄子——蔫了吧唧，这就是发育不良。个头没有，块头没有，形象猥琐。用专业术语描述就是体躯不高大，结构不匀称，肌肉不结实，形象不完美。发育良好的原因都是相似的——吃得好、睡得香，但发育不良的原因却各有各的不同。第一，近亲繁殖，过早配种。我在牛场的时候，经常见到一些外形像牛娃子一样的母牛难产，后来一打听，原因是配种过早。因为牛场的制度是配上一头牛奖100元，死亡一头牛罚100元。得奖金的是育种员，而被罚款的都是兽医。为了得到100元，育种员只看牛发不发情，根本不考虑牛是否已经体成熟。最终的结果是，过早配种的奶牛常因自身的发育不良导致难产死亡。发育不良的肇事者获得100元奖励，而救死扶伤的兽医却交了100元罚款。第二，营养不良。营养不良有多种，但总结起来不外乎以下几点：一是营养摄入不足，二是营养无法吸收，三是存在抗营养物质，四是机体需要量增加。第三，传染病后遗症及慢性传染病。幼龄时疾病缠身，往往导致生长发育受阻。仔猪患有白痢、慢性胃肠炎或气喘病后，容易成为僵猪。所谓僵猪就是生长发育停滞或缓慢，与同窝兄弟姐妹相比，只见同等吃喝，不见同等生长。第四，寄生虫感染。寄生虫感染后，一夺营养、二扰免疫、三产毒素、四成阻塞，严重影响仔畜的生长发育。第五，长期消化紊乱。消化紊乱，营养物质出现吸收少而排泄快，长此以往必然因营养不良而导致发育不良。

【PPT5】营养程度判定有三个依据，一是被毛的光滑度，二是肌肉的丰满度，三是皮下脂肪的充盈度。所以营养良好的表现就是肌肉丰满，皮下脂肪充盈，被毛光滑，皮肤富有弹性，躯体圆润而骨棱角不突出。反正给人总的印象是丰满、圆润、被毛如瀑布般柔顺。知道营养良好的特点，营养不良就是与之相反的表现：肌肉不丰满，皮下脂肪缺乏，被毛粗乱，皮肤干燥，骨棱角突出。同样的道理，营养良好的原因总是相似的，营养不良却各有各的原因。第一，患有慢性传染病，如结核病，长期消耗所致。第二，患有严重的寄生虫病，如牛羊肝片吸虫病、家禽球虫病等。动物摄入的营养，都被寄生虫吸收了。对自己有利，对宿主有害称为寄生。我们都是学兽医的，知道寄生虫的危害，今后千万不能让自己成为家庭、单位、社会的寄生虫。第三，饲料营养不全或摄入不足，或长期消化紊乱。慢性胃肠炎、肝脏疾病、胰腺疾病都属于消化系统的疾病，一旦由急性转为慢性，势必影响营养物质的吸收，久而久之，就会因营养缺乏而瘦弱不堪。第四，患有营养代谢病，如佝偻病、锌缺乏、维生素A缺乏等。

【PPT6】看到图中这只鸡，让我想起了小学时的一篇课文："公鸡，公鸡，真美丽，大红冠子花外衣，油亮脖子金黄脚，要比漂亮我第一。"这篇课文的寓意我们先不去管它，我觉得这一段描述特别好，是文学语言描述的营养良好。什么是营养良好？想想那只自夸的大公鸡，你的大脑中马上就会出现一个完美的形象。右图的牛，远观发育不良，近看营养不佳，几乎表现出所有营养不良的特征：肌肉不丰满，皮下脂肪缺乏，被毛粗乱，皮肤干燥，骨棱角突出。这头牛患有结核病。人的结核病，旧称为痨病，是一种让人半死不活的疾病，一旦患病，必然营养不良。

【PPT7】上图的腊肠犬患有胰腺外分泌不足，观其被毛的光滑度、肌肉的丰满度和皮下脂肪的充盈度，均有明显不足，所以是营养不良。下图还是那只腊肠，经胰酶治疗六个月后，营养程度明显好转。被毛光滑了，肌肉丰满了，皮下脂肪充盈了，营养程度上了一个崭新的台阶。

【PPT8】体格发育与营养程度反映的是体质，而精神状态彰显的是内涵。纵然骨瘦如柴，只要神采奕奕依然是健康的标志。反过来讲，精神萎靡不振，即使膘肥体壮，依然是一种病态。说了这么多，精神状态到底是何方神圣？先来看定义。精神状态是动物的中枢神经系统机能活动的反映，根据动物对外界刺激的反应能力及行为表现而定。对外界刺激反应良好，就属于精神良好，对外界刺激过激或迟钝就是精神异常。精神正常或良好的动物，反应灵敏，头耳灵活，目光明亮有神。也就是说对外界刺激处处表现出该有的精神状态。若是对外界刺激敏感，表现为左顾右盼，竖耳刨地，惊恐不安，疯狂跑动，甚至于攻击人畜，那就叫精神兴奋。与兴奋相反，对外界刺激不敏感，沉郁、嗜睡，那就叫精神抑制。精神抑制包括精神沉郁、昏睡和昏迷三种，这部分内容将在神经系统检查里面详述。

【PPT9】左图的鸡就是精神抑制的表现：眼半闭，目光无神，头低耳耷，身体蜷缩，被毛粗乱。右图的犬就是精神兴奋的表现：眼神凶恶，张口呲牙，不住咆哮，随时准备攻击人畜。

【PPT10】健康动物站立有站立的姿势，下卧有下卧的姿势，用民间的话说就是"站有站相，坐有坐相"。若不同于正常的姿势，就是疾病的表现。以站立姿势为例，脊柱平直，四肢自然站立。若发生疾病，站姿就会出现异常，最常见的是木马症。木马就是李白诗句中"郎骑竹马来，绕床弄青梅"中的竹马，四肢僵直不动，不能弯曲，也不能迈步。典型的木马症表现为头颈平伸，肢体僵硬，四肢关节不能屈曲，尾根挺起，鼻孔开张，瞬膜露出，牙关紧闭。木马症是破伤风的示病症状。大学实习的时候，我曾见过典型的木马症。患病动物是一头驴，四肢关节不能屈曲，牙关紧闭，口不能开，想给它灌点药，却死活撬不开嘴。破伤风由破伤风梭菌感染引起，而破伤风梭菌是一种厌氧菌，通常不是通过经脐带感染就是通过细而深的伤口感染，因为二者均能形成一个厌氧环境。而大面积的开放创口，是不大可能感染破伤风的。

【PPT11】左图的马乍一看，以为在走猫步，实际上是一种站立姿势，准确的描述是"前肢交叉，衔草而忘嚼"，这是脑室积水的典型症状。中图的牛，四肢如木棍般僵直，是典型的木马症。木马只是一种比喻，不是指真的马。从体型看，这应该是头犊牛；从脐带看，这应该是一头初生犊牛。初生犊牛感染破伤风，基本上都是经脐带感染的。右图的犊牛，头部升高，四肢宽踏，这是小脑异常的典型症状。小脑是掌握平衡的一个器官，一旦出现异常，无论站立，还是行走，都会失去平衡。

【PPT12】左图的沙皮犬"前肢内八字，后肢外八字"，是典型的佝偻病症状。佝偻病是钙磷代谢障碍引起的一种疾病，以前较为多见，如今畜主普遍有了补钙共识，因此几乎销声匿迹了。中图上面是一匹回视腹部的马，这是马腹痛的典型表现。《长恨歌》中有"回眸一笑百媚生，六宫粉黛无颜色"的诗句，借用到这里可以这样形容：回眸一视百痛生，五谷杂粮不问津。中图的牛四肢宽踏，站立时喜欢前高后低，走路时只喜欢上坡，不喜欢下坡，这是创伤性心包炎的典型症状。一个铁钉，刺破网胃，刺破膈肌，伤到心包，牛走下坡路时，腹压增大，铁钉向前，刺痛心脏；而走上坡路时，铁钉后撤，疼痛顿减。至于铁钉如何进到网胃的，在反刍动物胃肠检查中会详细介绍。右图的雏鸡，双趾向内屈曲，是典型的维生素 B_2 缺乏症。

【PPT13】站姿已为大家分享了不少，现在来看一下卧姿。这里所说的卧，不是动物自然、自愿的躺卧，而是不得不卧，临床上称为强迫躺卧。那么，是谁强迫它们躺卧的呢？是命运吗？不是。是疾病。当发生某些疾病时，动物不得不躺，不得不卧，这就是强迫躺卧。那么，哪些疾病可以导致动物强迫躺卧呢？接下来我们就来分析一下。第一，四肢的骨骼、关节、肌肉的疼痛性疾病。例如骨折、关节炎、肌肉撕裂等疾病，均可引起四肢的疼痛。疼痛则怕动，怕动则站不起来，站不起来则强迫躺卧。第二，长期患有慢性消耗性疾病。慢性消耗性疾病一般是指各种恶性肿瘤、肺结核、慢性萎缩性胃炎、严重创伤、烧伤、系统性红斑狼疮、慢性化脓性感染、慢性失血等一类过度消耗身体能量物质，造成机体能量负平衡的疾病总称。此类疾病一得，慢慢腐蚀身体，长此以往，再无气力站起，只能强迫躺卧。第三，某些营养代谢病。例如奶牛酮病、生产瘫痪以及马肌红蛋白尿症等，此类疾病多因体液因素如低血糖、低血钙而躺卧不起。第四，脑、脑膜的疾病或严重中毒病的后期。此类疾病易导致中枢神经或外周神经受到损伤或抑制，最终不能站立，只能强迫躺卧。第五，脊髓横断性疾病。脊髓横断，则后肢瘫痪，后肢瘫痪则强迫躺卧。

【PPT14】左图的马站立不起，这是马肌红蛋白尿症的典型特征。肌红蛋白尿症是指肌肉组织由于某种原因发生急性破坏而致肌红蛋白自尿中排出，表现为发作性的肌肉无力、肿胀与疼痛，尿呈棕红色。右图是奶牛产后瘫痪的典型症状，不仅强迫躺卧，而且颈部呈"S"状弯曲。

【PPT15】左图的犬前面已经讲过，呈祈祷姿势，是典型的前腹部疼痛症状，该犬患有胰腺炎。右图的犬佝偻着背，也是腹痛的一种表现形式，该犬患有会阴疝。

【PPT16】健康动物运动时是协调的，若神经功能异常时就会出现共济失调和强迫运动。先来看共济失调。什么是共济失调呢？我们都知道有一个成语叫同舟共济，意思是大家团结一致、同心协力才能过得了河。动物运动也是如此，各肌群协调，有的伸展，有的收缩，相互配合才能走路，否则就会出现共济失调。共济失调指肌肉的收缩力量正常，运动时肌群动作不协调，导致动物在运动时步态异常。什么是共济失调？就是肌群不受指挥了，各自为战，致使站立或运动不稳。如果用生活中的语言描述，三个字就能说明共济失调的特征——"酒醉样"。喝醉酒的人或看见过喝醉酒的人，都应该能够体会到，想站站不稳，想走走不直，歪歪倒倒就是共济失调。共济失调分为静止性失调和运动性失调。静止性失调指站不稳，走路没事儿；运动性失调指运动不稳，站着没事儿。用专业一点的语句表述，静止性失调是指动物在站立状态下不能保持体位平衡，站立不稳，呈酒醉状；运动性失调是指动物站立时不明显，运动时步幅、运动强度、方向均呈异常。当然，运动性失调根据损伤部位不同又可分为大脑性失调、小脑性失调、前庭性失调和脊髓性失调四种，后面有详细介绍。

　　【PPT17】有强迫躺卧，也有强迫运动，道理相同。强迫运动可分为盲目运动、转圈运动和滚转运动。盲目运动是指动物无目的地前进，对外界事物刺激没有反应，遇到障碍物时停止前进或头顶住不动、长期站立，见于脑炎初期。魏晋时期，有一位古人叫阮籍，常做"穷途之哭"，即赶着车、载着酒，边喝边走，至于到哪儿，不管，信马由缰。什么时候没有路了，下来大哭一场后，再上车回去。这种运动方式就叫作盲目运动。这也就是在古代才可以这样，放在现在早就被当作酒驾关起来了。另外，驾的多亏是马车，毕竟"老马识途"，要是其他动物，早走丢了，这也就是个一次性游戏。转圈运动是动物按一定的方向无目的地转圈，如脑包虫病、犬瘟热后遗症等。我小的时候，家里买了一只寒羊，身高腿长，当宝贝一样养着，准备养大后当种羊，改善满圈绵羊的基因。结果还没等长大，就开始转圈了，一圈一圈，转的人头晕。现在想来，肯定是得了脑包虫病了。我在农村生活了二十多年，家家养羊几十只，却从未见过有人给羊驱过虫。上研究生后，天天在学校的兽医院实习，见到好几例狗转圈的病例，就像一颗卫星一样围着主人转，这就是犬瘟热的后遗症。当然犬瘟热后遗症不都是转圈，还有各种各样的肢体抽搐或点头哈腰。最后是滚转运动，病畜头缩向后方，沿身体的长轴做滚转运动，如鸡瘟、维生素 B_1 缺乏症等。图中的鸡患有鸡瘟，正在做着滚转运动。马属动物打滚儿也是一种滚转运动，不过这不是病，只是一种放松的方式。我写过一篇短文叫《像驴一样打滚儿》，主旨是让人们学会放松。这种放松是在深度学习、忘我工作之后的放松。如果有人本来就无所事事，那就不需要懒驴打滚儿般地放松了。

【PPT18】动物的行为也是整体状态检查的内容。凡是与动物正常行为规范相左的都属于异常行为。当然，行为异常并不都是有病，有些也许只是多些个性而已。我国有句成语，叫牝鸡司晨，还有句俗语叫公鸡下蛋，但凡干自己职能以外的事情，都叫行为异常。行为是由机体各系统器官对感知的现实环境刺激的反应引起。临床上，狂犬病出现的攻击行为，疯牛病出现的狂躁行为，马腹痛时表现出的咀嚼和磨牙行为都属于异常行为。管好自己的言行，负好自己的职责，就是行为正常，动物同理。曾经读过一篇小小说，题目记不清了，故事的大概内容是这样的：一只狗，负责看门，尽职尽守。一天，见一只老鼠跑到院子中，而家里的猫视而不见，狗实在看不下去了，扑上去就逮住了。主人见状，很高兴，表扬了狗。从此狗见了老鼠就抓，技术越来越高。主人也很得意，见有人来就让狗抓老鼠，以显摆自家狗的本事。久而久之，狗得意忘形，浑然忘了自己的本职工作。一天晚上，盗贼入侵。狗抬起眼皮看了看，又睡着了。心想这不是我该管的事儿，我是抓老鼠的狗。结果，家中被盗窃一空，主人狠狠地惩罚了狗，打断了狗腿。狗很委屈：我是抓老鼠的，看门护院与我何干？这则故事首先反映的是狗的行为异常。歇后语都说"狗拿耗子——多管闲事"，这只狗却乐此不疲，肯定精神出了问题。抓耗子可以作为业余爱好加以发展，但看门护院才是它的本职工作。读了这篇小小说，我内心被震撼了。我们教师的职责是上好课，而不是走好穴；学生的职责是学好习，而不是送好礼。爱好大可广泛，但生命的主线只有一条。偏离了主线，就会成为那只渎职误事的狗，随之而来的必然是时代的惩罚。

【PPT19】整体状态的检查包含六个方面的内容，体格发育、营养程度、精神状态、姿势、运动和行为。每一方面对后续的进一步检查都具有指导意义。整体状态检查就是为了建立客观的第一印象，第一印象好了，后面的诊断就会顺风顺水。

本讲寄语是："人生哪有诸事顺？前进只有逆风行。"顺流而下只是闲时的游玩，逆流而上才是生活的实际。谁都希望顺风顺水顺人情，但不切实际。前进的路上总会遇到困难，如才学不济、资金匮乏、小人刁难、时间不裕或朋友反对等，不一而足。一个人看准的目标，不一定人人都能理解；人人不理解的目标，不一定就是空中楼阁。目光在上，动力在下，方向在心，大胆前进，才能直达成功。

第 6 讲　被毛和皮肤的检查

【PPT1】整体状态检查包括营养程度，营养程度的判定首先看动物被毛的光滑度，但凡油光水亮必定营养良好。

【PPT2】动物的被毛和皮肤如同人类的衣服，能够如实地反映出动物的营养程度和一些常见的疾病。但动物的被毛和皮肤又不同于人类的衣服，人类的衣服可以仿造，而动物的被毛和皮肤属于"真皮"系列，不可能存在假货。

【PPT3】本讲主要介绍两个方面的内容：一、被毛的检查；二、皮肤的检查。其中皮肤的检查更为重要一些。

【PPT4】先来看被毛检查。健康动物的被毛整洁、平滑而有光泽，生长牢固，禽类的羽毛平顺、富有光泽而美丽。被毛的病变主要有两个方面，一是被毛质量变差，如枯干、易断等。被毛粗乱无光，主要见于慢性消耗性疾病、长期的消化紊乱、营养物质不足、过劳或某些代谢紊乱的疾病。铜缺乏，被毛就会变硬、易折断，称为"钢丝毛"。再者，机体营养供应不足，会影响到皮肤营养，皮肤营养不足就会影响被毛生长。一旦出现被毛粗乱，形象将大打折扣，而且可能存在潜在的疾病。二是脱毛。皮肤病在临床上是一类极其顽固的疾病，病因复杂，治疗困难。皮肤病易发，首先影响的是被毛，就可能出现局限性脱毛。寄生虫感染、真菌感染是最常见的原因，除此之外，还有细菌性的、病毒性的、代谢性的、内分泌性的等。现在宠物医疗行业，已经有了皮肤科，有兴趣的同学可以多关注皮肤问题，将来或许可以做一名皮肤病专科医生。

【PPT5】实际上，被毛问题十之八九都是皮肤问题，古语说的好："皮之不存，毛将焉附。"没有皮肤这块土壤，被毛是不可能生根发芽的；皮肤这片土壤贫瘠了，被毛必然长势堪忧。皮肤检查包含六个方面的内容，分别是颜色、温度、湿度、弹性、皮下肿胀和皮疹。动物皮肤是什么颜色？这个不大好说，不像人那么简单。动物皮肤的颜色十分丰富，即便同种动物也千差万别。但是，不管什么颜色，皮肤下均埋藏着丰富的血管，血管内均充斥着红色的血液。根据血液量的变化和血红蛋白性质的变化，异常时主要有以下几种颜色变化。如果动物贫血，皮肤就会色显苍白，缺铁、外伤、便血等都可以导致动物贫血。如果血红蛋白变性或形成大量的还原型血红蛋白，皮肤就会出现发绀。"绀"者，蓝紫色也。任何缺氧问题都会导致皮肤发绀。如果胆色素代谢障碍导致胆红素释放进入血液，就会出现皮肤黄染。临床上肝病、胆道疾病和溶血性疾病都会导致胆色素代谢障碍，因此皮肤可能出现黄染。还有一种情况，就是皮肤上有明显的出血点、出血斑或血色疹块。猪瘟会导致皮肤出血点，猪丹毒会导致皮肤出现红色疹块，鸡法氏囊病会导致腿肌条状出血。皮肤颜色的变化其实质是血液的变化。

【PPT6】左图的猪感染了钩端螺旋体，皮肤呈黄染状态；中图的猪感染了猪瘟，皮肤有出血点；右图的猪感染了猪丹毒，全身有火印一样的疹块。皮肤颜色的变化，常常为我们提供重要的诊断依据。

【PPT7】根据前面学习的触诊方法，我们知道皮肤温度的测定是用手背来完成的。一般情况下，皮温和体温存在着正相关关系，体温高，皮温也高；体温低，皮温也低。但有时也不尽相同，要视具体情况而定。皮温即皮肤的温度，依据动物的种类、部位、季节和气候的不同，皮温也有所差别。皮温在临床上只用作初步判断，最终确定还得以肛温为准。通常情况，但凡引起体温升高的疾病，均可引起皮温升高。那么，哪些疾病可以引起体温升高呢？后面有专门的章节予以介绍，这里只点到为止。皮温降低主要因皮肤血液循环不良或支配神经异常所致的血管痉挛而引起，见于发热性疾病的初期及腹痛病。腹痛病包含的范围较广，通常见于瘤胃臌气、肠臌气、胃扩张、肠梗阻、子宫扭转及肝或脾破裂等疾病。皮温升高和降低与体温密切相关，这很容易理解。难于理解的是，这里有个特殊的概念叫皮温不整。什么是不整？与体温有关系吗？简而言之，皮温不整就是皮肤温度一处高一处低，非常不均匀，通常见于贫血、休克和大出血。

【PPT8】皮肤湿度的检查也需要手背触诊，皮肤湿度与出汗密切相关。出汗是动物的一种散热方式，但不是每一种动物都喜欢出汗。马是最容易出汗的，剧烈奔跑后，汗如雨下，如果皮肤过薄，血管丰富，则出的汗如血液般殷红，这就是传说中的汗血宝马。汗血不是汗如血色，而是汗液被皮肤血管中的血液映成了红色。中图的马就是传说中的汗血宝马。汗血宝马学名叫阿哈尔捷金马，是土库曼斯坦的国宝。皮肤干燥通常见于发热性疾病或脱水，发热时水分蒸发快，脱时水分流失多，所以皮肤就会出现干燥。左图的犬鼻端干燥，这是发热所致。临床上诊断犬瘟热，我们习惯上看眼、鼻分泌物，看鼻端是否干燥。若布满眼屎、流脓性鼻液、鼻端干燥，多半是犬瘟热，若再加上咳嗽和体温升高，犬瘟热的可能性就会再次增大。当然是与不是，最后需要通过抗原检测来确诊。皮肤湿度增加的表现就是多汗，见于中暑和疼痛等。如果汗出如油、有黏腻感，而且皮肤冰凉，就是出冷汗的表现，说明疾病已经非常严重，见于循环虚脱和胃肠破裂等。假如一匹马腹痛很厉害，满地打滚儿，突然间不痛了，这时候千万不要庆幸，因为这可能是回光返照。实际的真相是，它可能发生了胃肠破裂。膨胀性疼痛是一种剧烈的疼痛，与之相比，胃肠破裂的疼痛反而不值得一提。但是，胃肠一破，内容物势必流到腹腔，腹膜炎随即发生，离死亡也就不远了。右图的马，强迫躺卧，频频出汗，不断回视，这些都是剧烈腹痛的典型表现。

【PPT9】皮肤弹性是判断机体水合状态的一种检查方法。健康动物的皮肤弹性良好，指压有痕迹，但是马上能够得到恢复。若肿胀，则指压留痕，不易恢复。而皮肤弹性降低，基本上留不下什么痕迹。皮肤弹性降低见于慢性皮肤病、螨病、湿疹、营养不良、脱水及慢性消耗性疾病。在临床上，皮肤弹性越低，脱水越严重。

【PPT10】不同动物皮肤弹性的检查方法大致相同，就是提起相对松弛的皮肤，观察其恢复的时间。恢复越慢，脱水越严重。小动物主要检查背部皮肤，马属动物检查颈部或肩前皮肤，牛检查肋弓后缘或颈部皮肤。

【PPT11】皮下肿胀是皮肤检查的重点。皮下肿胀可分为皮下浮肿、皮下气肿、皮下积液和疝。不同的肿胀类型，其发生部位、触诊特征和临床意义均不相同。讲到这里，大家可能很好奇，什么叫临床意义？教科书中从未介绍过这个概念。简单地讲，就是某个症状对疾病诊断的价值。换句话说，就是由某一特定症状可以推断出哪些疾病，就叫临床意义。临床意义的表述首先要说"见于"两个字，见于之后的内容就是临床意义。临床意义通常都是疾病的名称。若还不明白，我们可以借断案类比一下。找到一条线索，可以框定哪些犯罪嫌疑人，这就是临床意义。线索就是症状，而犯罪嫌疑人就是我们这里讲的疾病，也就是临床意义。皮下浮肿好发于胸、腹、阴囊和四肢末端，用手指按压触诊，留有痕迹，很久才能散去。皮下浮肿主要见于感染、慢性营养不良、心力衰竭和贫血等。皮下气肿主要发生在肘后和颈侧，触诊时呈捻发音，而且感觉有气体在里面窜动。皮下气肿见于皮肤的创伤、气肿疽和恶性水肿等。皮肤创伤多在颈侧，因为颈侧有气管和食管，一旦破裂，气体逸于皮下，必然引起皮下气肿。气肿疽所致的皮下气肿主要是一些产气细菌的大量繁殖，造成气体积于皮下。皮下积液主要发生于躯干和四肢上部，触诊有波动感，见于血肿、脓肿和淋巴外渗。因为质软，且有明显的波动感，皮下积液很容易诊断。但是，肿胀内部的液体到底是什么成分，靠触诊显然是不能确定的。这时就可以用另一种诊断方法——穿刺，即用注射器插入肿胀内部，抽吸肿胀内的液体，然后观察液体的形状。血液是红色的，淋巴液是透明的，而脓汁是浑浊的。疝通常指腹腔内容物通过天然孔或外伤造成的孔隙进入到皮下组织。所以主要的发生部位在天然孔下，如脐孔、腹股沟孔和膈圆孔等。一般而言，从哪个孔进入就叫什么疝，如通过脐孔进入皮下叫脐疝、通过腹股沟孔进入皮下叫腹股沟疝、通过膈圆孔进入胸腔叫膈疝等。也有通过腹壁外伤进入皮下组织的，称为腹壁疝。疝的触诊特征与其他肿胀不同，能够明确触诊到一个疝环，漏入皮下的组织能够还纳回腹腔，但腹压一大又重新漏入皮下。

【PPT12】左图的牛前胸部垂皮处发生皮下浮肿，中图的 X 线片可以看到颈背部明显的皮下气肿，此外还存在气胸。气体的密度最低，在 X 线片中呈黑色，而比空气密度大的脂肪、软组织、骨骼和金属呈灰色或白色。右图的牛发生颌下肿胀，触诊有波动感，说明是皮下积液，后经穿刺证实，积液为脓汁。所以，该病的确切名称叫颌下脓肿。

【PPT13】这里给出疝的准确定义。疝是指某个脏器或组织离开其正常解剖位置，通过先天或后天形成的薄弱点、缺损或孔隙进入另一部位。这个另一部位指皮下，而某个器官可能是肠道、胃、膀胱、子宫、肝脏、镰状韧带等任何腹腔器官。左图是犊牛的脐疝，中图是猫的腹股沟疝，右图是犬的阴囊疝，而下图是犬的腹壁疝。

【PPT14】皮疹是皮肤病的一种，从单纯的皮肤颜色改变到皮肤表面隆起或发生水疱等有多种多样的表现形式。斑疹仅表现为局部发红，见于猪瘟、猪丹毒等。丘疹有较小的局限性隆起，由小米粒大至豌豆大不等，存在局部瘙痒和疼痛。饲料疹在前面的内容已经介绍过，就是感光过敏。图中的牛，白毛之处皮肤脱落，黑斑处却安然无恙，这是感光过敏的一大特征。感光过敏发生需要三个条件，是哪三个不知各位是否还记得？感光饲料、太阳光中紫外线、浅色或无色皮肤。荨麻疹是稍隆起的局限性水肿，界限明显，大小不等，突然发生，伴有剧烈瘙痒，见于各种过敏反应。荨麻疹突出于皮肤表面，有如铜钱一般，见一次就不会忘记。疱疹使内含液状物的小隆起，见于痘病、脓疱性口炎和口蹄疫等。

【PPT15】左图是牛的结节性皮肤病，满身疙瘩，看得人直起鸡皮疙瘩。中图是皮肤丘疹，犬瘟热患犬有时会有这种症状。右图是球虫病患畜的皮肤，粗糙、变硬、弹性下降。

【PPT16】左图的牛患有沙蚤病，身上有一个一个的结节。中图是牛皮蝇和牛皮蝇幼虫。蛆虫像一株幼苗一样透过皮肤，露出新芽。我每看到此，都浑身发冷。右图是牛皮蝇蛆病遍布全身。

【PPT17】左图是荨麻疹，有突出皮肤表面铜钱般大小的疹块。右图是感光过敏，是前面一张图的放大版，可清楚地看到皮肤的脱落。

【PPT18】被毛检查靠粗乱程度判断营养状况，靠有无脱毛看是否存在皮肤病。皮肤检查要注意皮肤的颜色、温度、湿度和弹性的变化，此外还要判断皮下肿胀和皮疹的类型。类型越细致，诊断越精确。

本讲寄语是："潜心闻道，勤奋实践，嘲笑何足惧？执着耕耘，淡泊名利，大器终晚成。"外界的繁华与纷扰常使人不能安静，随后产生强烈的追名逐利的念头。因此，多独处、多静思、多读圣贤作品，才能伏得住心魔。科技在进步，心灵鸡汤的书在出版，无论怎样先进与畅销，不过是对先贤思想的具体应用。对中国而言，2000多年前，思想已经达到一定的高峰。欲求心理安宁，欲求事业有成，读圣贤书，行圣人言，足矣。有了思想，获得了思路之后，勤奋实践是通往理想的唯一途径。不怕思想前卫，不惧行为幼稚，不理世人的嘲笑，朝着自己认准的道路前进就是大道。若多数人理解你的思路，认可你的目标，那已经不是先进的思想了。生活中不求标新立异，但一定要与众不同。独特的生命，独特的价值，才能造就独特的自己。

注重耕耘，也求收获。没有执着的信念，任何高大上的理想都是异想天开。耕耘执着，收获亦丰，追求的副产品会不期而至，而且可能更具诱惑力。这就需要时刻保持淡泊名利的心态：作为补给的名利可取，影响正道的名利须弃。要有十年磨一剑的耐性，十年面壁的韧性，要坚信大器晚成的不变真理。孔子教育家的名号何时成就？老子的《道德经》何时写成？姜子牙的功勋何时铸就？黄忠的威名何时远播？没有耕耘时的寂寞，何来器成之后的声名？

第 7 讲　可视黏膜及浅在淋巴结的检查

【PPT1】上一讲我们介绍了皮肤的检查，皮肤检查需要察看颜色的变化，但是由于动物皮肤上覆被毛，观察起来并不容易，而且不同的动物皮肤的颜色也不尽相同，所以观察起来就更加困难。

【PPT2】皮肤的颜色难观，但黏膜的颜色却易看，尤其是可视黏膜。黏膜大部分器官都有，但是不一定都能被检查者看见，如胃黏膜，要想看到必须打开腹腔、切开胃才能看到，或借助内窥镜察看，这样的黏膜虽然是黏膜但不是可视黏膜。所谓可视黏膜是用肉眼或借助简单器械能够看见的黏膜。可视黏膜可以被直接看到，而浅在淋巴结可以被直接触到。淋巴结在全身广泛分布，但在不剖检的情况下，只有浅在淋巴结可以进行临床检查，检查以触诊为主，可感知浅在淋巴结的大小、位置、温度、硬度和活动性等。

【PPT3】本讲主要介绍三个方面的内容：一、可视黏膜的检查方法；二、可视黏膜颜色的病理变化；三、潜在淋巴结的检查。

【PPT4】首先来看可视黏膜的检查，可视黏膜检查以眼结合膜为例。眼结合膜的检查方法，不同的动物存在一定的差异。为马检查时，需左手固定马头，右手食指、拇指拨开上下眼睑并按压之。马通常佩戴笼头，因此可以一手抓笼头固定，一手检查。教科书中如此描述，但在实际临床检查中发现并不容易，若单手实在拨不开，就用双手，双手拨开时需要一名助手固定马头。为牛检查时，可一手握住牛角，一手抓鼻孔，将牛头扭向一侧，暴露巩膜。牛眼大，巩膜易露，这样操作较为简便，不足之处在于抓鼻孔的手经常会沾到鼻液。现在想想有点脏，实际上多沾几次就习惯了，从事兽医工作的首要条件是承受脏累。中、小动物可用双手的拇指和食指打开上下眼睑，然后观察眼结合膜的颜色。除了眼结合膜外，口腔黏膜、鼻腔黏膜也是经常检查的可视黏膜。如何打开鼻腔？如何打开口腔？在实验课中有示范和练习。可视黏膜的检查是视诊的内容之一，因此需要充足的光线和细致的观察。

【PPT5】左图是实验课的实景，这名女同学正在打开鼻腔，准备观察鼻黏膜，而对面那名男同学作为助手在保定动物。图是器械开口法，即用开口器打开驴的口腔，以便观察口腔黏膜。同样在助手的保定下，检查者使用开口器打开驴的口腔。从图中这位女同学的表情来看，显然不像一个合格的检查者。兽医需要时时注意自己的安全，对于安全问题，再小心都不为过。但是，也不能撤得老远，一副担惊受怕、不专业的样子。

【PPT6】图中所示的是阴道黏膜的检查方法，两张图显示了开殖器的使用方法。开殖器纵向插入而横向打开，就可以看到阴道黏膜了。如若光线太暗，则可借助人工光源如手电筒等。

【PPT7】健康动物的黏膜呈粉红色或淡红色，疾病状态下，黏膜可出现四种典型颜色变化：潮红、苍白、发绀和黄疸。这四种颜色变化均与血液有关，血液多了潮红，血液少了苍白，血红蛋白变性发绀，胆红素代谢障碍黄疸。现在我们分别来学习一下这四种病理性颜色及其原因、特征和临床意义。潮红是毛细血管充血所致，临床上表现为鲜红色、暗红色或深红色。那么，哪些疾病可以导致毛细血管充血？也就是说潮红的临床意义是什么呢？其他可视黏膜潮红的临床意义均相同，但眼结合膜的潮红却有单、双侧之分。单侧潮红是局部血液循环发生障碍，见于外伤、结膜炎和角膜炎等。双侧潮红是全身性血液循环障碍，见于各种发热性疾病、疼痛性疾病和中毒性疾病等。眼结合膜潮红，单侧表明病变在局部，双侧提示病变在全身。其他可视黏膜如口腔黏膜、阴道黏膜潮红的临床意义与双侧眼结合膜潮红相同，但是在做鼻黏膜检查时也应注意单、双侧之分。

【PPT8】图中是牛的巩膜潮红和眼结合膜潮红，可以明显看出黏膜颜色加深的变化，其原因是毛细管充血。当然，是什么病导致了毛细血管充血，还要根据病史以及临床检查的结果细细考究。

【PPT9】潮红是血管中血液太多了，那么苍白就是血管中血液太少了。血为红色，多则色深，少则色淡。苍白是由贫血导致的，在临床上表现为黏膜色淡，呈灰白色。各种各样的贫血均可导致黏膜苍白，如缺乏造血物质、失血、溶血等。除此之外，还有一种情况那就是造血系统受到损伤，血液生成减少，从而导致贫血。贫血的原因很多，分类很细，在后续内容将逐步介绍。

【PPT10】图中的犬口腔黏膜苍白，一看就知道是贫血的征兆。但是，贫血的原因很多，到底是哪一种需要我们进一步检查确定。一次偶然的机会，为犬洗澡，发现洗澡水变成了污浊的血色。正常的血液应该待在心脏和血管之中，洗澡时是不用释放的，但现在却释放了，这只能说明一点：犬身上存在出血点。看病和断案一个道理，只要有怀疑的对象，证明起来就容易很多。后来拨开被毛，详细检查，发现跳蚤很多。跳蚤嗜血，叮咬造成皮肤出血，久而久之，动物因慢性失血而造成贫血，因贫血而导致可视黏膜苍白。春季一到，蜱虫盛行，跳蚤成群，因此为动物进行体外驱虫有重要意义。目前的体外驱虫药如福来恩、拜宠爽、大宠爱都有很好的效果，不好之处在于这些药都是进口的。国产药的兴盛，民族工业的振兴，以后还得依赖在座的诸位。体外驱虫真的很重要，我有一篇宠物驱虫版的《春天里》为证："还记得每一年的春天，动物医院里挤满犬猫，没有欢乐，没有喜悦，没有一点春天的气息。想当初宠主是多么的傻，不给我驱虫和免疫。在床上，在床下，在厕所里，只顾着玩儿他自己的手机。也许有一天，你老无所依，是否还能依赖你的手机。如果有一天，我悄然离去，希望你把我埋在泥土里。还记得那些可恶的春天，我患了疫病，感染了虫子，没有力气，没有自由，躺在那冰冷的狗笼里。但是我并不觉得那么糟，因为还有很多被主人遗弃，在大街，在小巷，在旷野里，发出那自生自灭的哀嚎。如果有一天，你老无所依，只有我可以，可以陪伴你。如果有一天，我悄然离去，希望你把我，埋在泥土里。凝视着此刻烂漫的春天，我想起驱虫免疫的过往，没有疫病，没有虫子，没有那可恶的草蹩子。我觉得生活是那么快乐，此生不会再感到迷茫，在这阳光明媚的春天里，我感动的泪水禁不住流淌。也许有一天你老无所依，只有我可以，可以陪伴你。如果有一天，你悄然离去，我会守在，在你坟地里。"一个人可以有很多宠物，但宠物通常只有一个主人，善待宠物就是善待生命。

【PPT11】发绀这种症状在皮肤检查里已经讲过，所谓发绀就是呈蓝紫色。潮红是血管中血液多了，贫血是血管中血液少了，而发绀是血液中的血红蛋白变性了，即血红蛋白中的二价铁离子氧化成了三价，或者是血液中还原型血红蛋白增多。几乎所有缺氧的疾病都会导致黏膜发绀，如肺炎、胸膜炎、心力衰竭、肠扭转和亚硝酸盐中毒等。为什么说几乎所有的？因为有一种缺氧非但不会造成黏膜发绀，反而会使黏膜成为鲜红色，如氰化物中毒。氰化物中毒最终抑制了组织换气，使氧气大量滞留在静脉里，从而导致静脉血因氧气含量大增而呈鲜红色。

【PPT12】左图是牛的阴道黏膜，明显发绀，是亚硝酸盐中毒导致的。右图是猫的口腔黏膜发绀，所采集的血液几乎与碳素墨水一个颜色，这是醋氨酚中毒所导致的。

【PPT13】黄疸是胆红素代谢障碍，血清中胆红素浓度升高。血清中胆红素浓度升高，动物在临床上就会表现为黏膜和皮肤黄染。临床上有三类疾病可导致黄疸，一是肝脏疾病，二是胆道疾病，三是溶血性疾病。肝脏疾病有肝炎、肝癌、肝硬化；胆道疾病有胆囊炎、胆结石等；溶血性疾病有铜中毒、洋葱中毒、钩端螺旋体病、弓形虫病和附红细胞体病等。溶血性疾病除了会导致黄疸外，还能引起血红蛋白尿。

【PPT14】左图为阴道黏膜黄疸，中图为皮肤与眼结合膜黄疸，右图为口腔黏膜黄疸。黄疸的发生一定要考虑三类疾病，即肝病、胆病、溶血病。

【PPT15】根据胆红素的来源可将黄疸分为肝源性黄疸、阻塞性黄疸和溶血性黄疸。肝源性黄疸又称实质性黄疸或肝细胞性黄疸，是肝脏受到损伤，肝细胞变性、坏死，制造和排泄胆汁的功能减弱所致的黄疸。阻塞性黄疸又称机械性黄疸或胆道梗阻性黄疸，是由于外力压迫胆管，使胆道狭窄以致阻断，梗阻前侧胆压不断增高，所有胆管渐次扩张，最后造成胆小管破裂，胆汁直接或经由淋巴系统反流至体循环所致的黄疸。溶血性黄疸又称血液发生性黄疸或滞留性黄疸，是红细胞在血液内和（或）网状内皮系统内过多、过快地破坏，游离出大量血红蛋白，生成大量胆红素，超过肝脏的转化和排泄能力而滞留于血液内所致的黄疸。黏膜颜色的四种病理变化，潮红因为充血，苍白因为贫血，发绀因为血红蛋白变性或还原型血红蛋白过多，而黄疸因为胆红素代谢障碍。这四种病理颜色在临床诊断中十分有用，需要充分理解。

【PPT16】即便是浅在淋巴结，正常时也不易触诊到，更看不到。但在病理状态下，淋巴结有时候会肿得很大，不但摸得着，而且看得见。临床上主要检查以下浅表淋巴结：颌下淋巴结、耳下淋巴结、肩前淋巴结、咽后淋巴结和膝襞淋巴结等。检查的方法主要是触诊，感知淋巴结的大小、位置、形状、硬度、表面状态、敏感性和活动性等。视诊有时也能用得上，主要观察淋巴结大小、位置和形状。淋巴结的病理变化主要有三种：急性肿胀、慢性肿胀和化脓。

【PPT17】图中的牛患有白血病，全身淋巴结肿大。淋巴结属于免疫器官，而白血病摧毁的正是免疫器官。

【PPT18】淋巴结的急性肿胀、慢性肿胀和化脓，需要触诊来加以鉴别。通过触诊肿胀的体积、硬度、表面状态、热痛反应和活动状态来确定淋巴结的病变。急性肿胀体积大、硬度一般、表面光滑、有热痛反应、活动不明显。慢性肿胀体积稍大、硬度大、表面不平、无热痛反应、不活动。而化脓体积大、硬度小、表面软、有热痛反应，最重要的是触诊有波动感。根据以上鉴别要点，很容易确定肿胀的性质，区分肿胀的类型。类型一定，临床意义自显。急性肿胀见于乳房炎和咽炎等，慢性肿胀见于马鼻疽和结核等，而化脓见于马腺疫和伪结核等。淋巴结也可采用穿刺取样，然后在显微镜下检查，以确定细胞的病变状态。

【PPT19】可视黏膜是可以用肉眼或借助简单器械直接看见的黏膜，其颜色的病理变化主要有潮红、苍白、发绀和黄疸四种，其颜色变化的本质是血液的变化，是血液中血红蛋白的变化。触诊是浅在淋巴结的主要检查方法，通过触诊感知淋巴结的体积、硬度、表面状态、热痛反应和活动状态可清楚地区分急性肿胀、慢性肿胀和化脓。

本讲寄语是："自高自大自满自夸，自掘坟墓；自骄自傲自恃自诩，自毁长城。"以自我为中心的膨胀不外乎两种结果，不是自毁长城，就是自掘坟墓。骄傲自大，目中无人，漫天吹嘘，会挤走身边每一个真心帮你的人。当你离亲叛众之刻，也就是自毁长城之时。自满之气溢于言表，自夸之言挂于嘴际，方圆百里无友人形成的真空，就是埋葬自己的坟墓。

第8讲 体温、脉搏和呼吸数的检查

【PPT1】当我们成为一名兽医,接待就诊动物时,首先应该做什么?有人说先问诊,有人说先视诊,有人说边问诊边视诊。这些都没有错,但你在问诊与视诊的同时,是不是应该见缝插针地量个体温呢?我曾经说过,不管现代诊疗设备多么先进,体温计仍是兽医诊疗的第一武器。

【PPT2】体温、脉搏和呼吸数,这是动物诊疗必须测定的三大基础指标,这三大指标正常,动物基本没有太大问题;若这三大指标异常,动物就可能异常;如果这三大指标彻底紊乱,动物基本上就处在病危的边缘。这一讲主要来阐述三大指标测定的病理变化与临床意义,至于测定方法属于实验内容,将在实验课中做详细讲解和示范。

【PPT3】本讲包括三个方面的内容:一、体温的检查;二、脉搏的检查;三、呼吸数的检查。其中,体温检查是重点内容,需要大家给予特别关注。

【PPT4】健康动物的体温不是一个恒定的值,而是一个范围。因为,体温虽由基础代谢决定,却受很多因素影响,所以体温会在一个相对恒定的范围内波动。不同动物其体温范围存在较大差异,兽医需要一一牢记,否则会闹出大笑话。我大学生产实习时,第一次给动物测体温,是一头猪。体温计插入肛门三分钟后,我取出体温计,却怎么也看不见体温计上的刻度。当时极其尴尬,恨不得挖个地缝钻进去。翻来覆去地看,终于读出一个数字。畜主问我猪发烧了没?我尴尬地说不知道。为什么不知道?因为我不知道健康猪的体温范围,39℃到底是正常还是不正常?这一次体温测定,让我颜面无存,只能在后续的实习时间里恶补基础知识。从此,让我明白了学习可以让一个人最大程度地避免尴尬。健康动物体温范围必须熟记,否则你总有一天会像我一样处于尴尬境地。虽然现在网络发达,但当着畜主的面去百度,比不知道更为丢人。牛37.5~39.5℃,羊38.0~40.0℃,犬37.5~39.0℃,猫38.5~39.5℃,马37.5~

38.5℃，驴36.0~38.0℃，骡38.0~39.0℃，猪38.0~39.5℃。这些只是常见动物的体温，随着兽医服务对象的增多，狮子老虎你得知道，骆驼大象你得清楚，鹦鹉八哥你得明白，乌龟王八你得了解。有一次，动物园的人带来一只猴子，让我措手不及。猴子挠人，怎么保定？猴子和人是近亲，测体温是夹于腋下呢？还是插入肛门？再说了，猴子的正常体温是多少？摆在兽医面前的永远有十万个为什么，如果不学习，永远是十万个不知道。

【PPT5】机体的产热和散热是平衡的，所以动物能够维持恒定的体温，一旦产热与散热平衡被破坏，就会出现体温的升高或降低。即使是健康状态，每日的体温也有较大变化。影响体温的因素有很多，但是最主要的因素只有以下几个方面。第一，年龄。通常而言，幼龄动物的体温较高，而成年动物的体温较低，老年动物的体温更低。第二，品种。不同的品种，体温不尽相同。据报道蒙古羊与蒙古阉牛的体温要比其他羊或牛的体温低。第三，营养。营养好的动物体温高，营养不良的动物体温低。一方面是代谢水平的差异，另一方面是保温效果的不同。第四，生产性能。高产动物其基础代谢强，体温较一般动物为高。第五，性别。通常情况下，母畜体温稍高一些，尤其是妊娠后期及分娩前。第六，兴奋、运动、使役和采食。兴奋、运动与使役，因肌肉收缩可产生大量的热量，因此体温会升高。采食后因食物动力学作用，体温也会升高。第七，外界气温。外界气温高，体温高；外界气温低，体温低。所以在夏天，动物体温会稍高一些；若到冬天，则体温稍低一些。第八，昼夜。早晨气温低，基础代谢也基本降到了最低，所以体温低些；午后气温高，再加上采食后食物动力学作用，体温会高些。健康动物，早晨与午后的体温会相差1℃左右。所以，临床上监测动物体温，每天至少早晨与午后各测一次。体温虽然受很多因素影响，但多数通过我们的常识就可以推断出来。

【PPT6】高于健康动物的正常体温范围，称为发热。发热程度不同，其疾病的严重程度也不相同。发热程度越高，疾病越严重。高于正常体温0.5~1.0℃，称为微热，见于局限性的炎症。高于正常体温1~2℃，称为中热，见于消化道和呼吸道一般性的炎症及某些亚急性和慢性传染病。高于正常体温2~3℃，称为高热，见于急性传染病和实质器官广泛性炎症。高于正常体温3℃以上，称为最高热，见于某些严重的传染病，如炭疽和中暑等。临床上我们经常遇到一些人，只要看到体温升高，就为动物注射退热药物，这种做法是要不得的。须知，体温升高是机体对疾病的一种防御反应，热劲刚上来就一瓢凉水泼下去，对疾病治愈岂能有利？经科学研究证明，体温升高能够抑制病原菌的生长，对机体康复是有利的，因此退热药物应当慎用。当然如果已经到了高热边缘，建议还是尽快应用退热药物，因为过高的体温会破坏中枢神经系统，神经系统一旦破坏，恢复基本无望。不要最后虽然治好了疾病，却破坏了神经，得不偿失，因此高热时应果断使用退热药物。一旦体温恢复到正常，应马上停药。退热药是治标药物，是降低体温中枢调定点的，多用无益，还会破坏机体的免疫系统。及时监测体温是诊断和治疗最基本的原则，但也不要一见体温升高就心生恐惧，意欲降之而后快。

【PPT7】体温的升高程度对疾病诊断有一定的意义，但毕竟有限。每天早上、午后测两次体温，做成体温曲线，然后根据体温曲线来判断疾病的性质将更为准确。这种由体温曲线反映出的发热情况就称为热型。临床上有六种热型最为常见，第一种叫稽留热。稽留热有时也称为高热稽留，其特征是高热持续时间长，且昼夜温差小于1℃。稽留热反映出体温调节中枢完全失衡，调定点高居不下，说明病情比较严重，此时设法降低动物体温是治疗的第一要务。见于猪瘟、猪丹毒、牛肺疫、流行性感冒和大叶性肺炎等。与之相类似，又存在明显区别的是弛张热。古语云："一张一弛，文武之道也。"工作、学习和生活都讲究弛张有度，而不能忙时忙到崩溃，闲时闲到堕落。弛张是要讲究度的。弛张热也不例外，张时自然高于正常体温，但弛时也不落于正常之间。这一点一定要注意，很多人以为弛张热高的时候很高，低的时候可以低到正常或正常体温范围以下，这种想当然的认识一定要予以摒弃。弛张热与稽留热一样，都是高温持续时间长，不同之处在于昼夜温差大于1℃。我们都知道，健康动物的昼夜温差是1℃，而稽留热昼夜温差小于1℃，弛张热昼夜温差大于1℃。弛张热见于小叶性肺炎、化脓性疾病、败血症和非典型传染病等。有一对发热类型，在体温曲线走向上十分相似，不同之处只是一个发热间隔时间短，一个发热间隔时间长。这对发热类型叫间歇热和回归热。顾名思义，间歇热就是发热与正常交替进行，高热持续数小时，然后正常一两天，然后再持续数小时，然后再正常一两天，如此循环往复。回归热也是这样一个特征，发热与正常交替。理论上讲间歇热发热间歇时间短，回归热发热间歇时间长，但这只是一个相对的概念。究竟一天叫长，还是两天叫长，不好比较。因此，间歇热和回归热对诊断的意义并没有不同，均见于血孢子虫病和马传染性贫血等。总结一下四种发热类型，持续高热是稽留热和弛张热，只不过稽留热昼夜温差小于1℃，而弛张热昼夜温差大于1℃。发热与正常交替是间歇热和回归热，只不过间歇热发热间歇时间短，而回归热发热间歇时间长。

【PPT8】前面提到的四种热型都有明确的规律，但是有一种发热类型却毫无规律可言：一会儿发热，一会儿不发热，没有规律；什么时候发热，什么时候不发热，不可预测；好像完全随心所欲。这种发热类型叫不定型热，通常见于非典型经过的疾病，如布鲁氏菌病、慢性结核病、马鼻疽和慢性猪瘟等。图中是什么动物？下垂到地的是什么器官？我为什么要问这个看似愚蠢的问题？因为曾有很多人提供过愚蠢的答案。这是一只感染了布鲁氏菌的羊，因睾丸肿大，阴囊不堪重负，直接垂到地上。这张图曾经作为中级动物疫病防治员的考题，有考生答曰："奶牛乳房炎"。令人哭笑不得：一是看错了动物，二是辨错了性别。还有一种发热类型，叫双相热。就是体温升高几天后恢复到正常，隔三五天后再次升高，然后就一直居高不下。如果体温下来，要不然是疾病好了，要不然就是动物死了。典型的双相热在曲线图上呈马鞍形，见于犬瘟热和猫瘟等。我见过这样一个病例：犬，8个月，因眼、鼻有分泌物到宠物店去看了一下，犬瘟热抗原检测为阳性，喂了些药，第二天感觉好多了，能吃能喝。可是过了四天，发现之前的症状不但卷土重来，而且更加严重。到教学动物医院就诊，犬瘟热抗原检测，还是阳性。为什么第二天感觉好多了，过了几天又更严重了？就是双相热在作怪。体温升高说明机体处于积极的防御状态，此时自然无心采食；第二天体温恢复正常了，机体的防御撤下了前线，自然感到食欲大好。可是好景不长，没两天，体温又上去了，而且较以前为重。这时，再想让体温恢复到正常可不是一件容易的事儿。还是刚才那句话，恢复到正常要么是康复了，要么就是死亡了，否则是不可能下来的。双相热的无热期存在着一定的欺骗性，临床上千万不要把"回光返照"当成是大病已愈。犬瘟热患犬具有一些典型症状：鼻端干燥、脓性鼻液、眼周围脓性分泌物，当然还有双相热。不定型热体温曲线无规律，双相热体温曲线呈马鞍形。不定型热见于那些难缠的慢性传染病，而双相热见于犬瘟热和猫瘟。

【PPT9】发热不仅有高低，还有长短。发热持续时间的长短称为病程，病程短则一天，长则一年。依据发热持续时间的不同可将发热分为一过性发热、急性发热、亚急性发热和慢性发热。发热持续1~2天称为一过性发热，见于注射血清、疫苗或一时的消化紊乱。经常有狗主人给我打电话，说我们家的狗打完疫苗后怎么不爱活动了，也不吃东西。实际上就是发生了一过性发热，一发热机体就上升为紧急防御状态，自然无心玩耍、无心采食了。这是注射疫苗后的正常反应，不必紧张，过一晚上，活泼如初。发热持续1~2周，称为急性发热，见于炭疽、马腺疫和传染性胸膜肺炎等。实际上，在临床上发热超过一周的并不多见，因为我们会应用退热药物阻断发热过程。发热持续3~6周称为亚急性发热，见于血斑病、鼻疽等。发热持续时间越长的疾病越难治愈。急性病虽然严重，若控制及时，速战速决，立刻见效。若控制不好，转为慢性，则成为持久战。发热持续数月至一年的，称为慢性发热，见于牛结核病、慢性鼻疽等。很多慢性病，一旦感染，伴随终身。就像钱钟书在《围城》中写的那样："本来想在家养病，结果把病养家了。"一过性发热不用理，急性发热需要治，亚急性发热必持久，慢性发热根难除。

【PPT10】发热有很多表现形式，称为发热综合征。所谓综合征是指症状有规律地同时或按一定的顺序出现。发热综合征主要表现为以下特征：第一，恶寒战栗；第二，被毛逆立，皮温不均，末梢厥冷；第三，呼吸和脉搏增速；第四，消化紊乱，食欲减退；第五，尿量减少，尿中出现蛋白质，甚至肾上皮细胞和管型。体温检查需要掌握以下问题：第一，熟记健康动物的体温范围。第二，弄清发热程度。什么是微热？什么是中热？什么是高热？什么是最高热？发热程度与疾病严重程度有什么关系？第三，掌握体温曲线和热型。掌握六种热型的特征及临床意义。第四，了解发热病程。知道发热多长时间叫一过性发热？多长时间叫急性发热？多长时间叫亚急性发热？多长时间叫慢性发热？第五，了解发热综合征的临床特征。

【PPT11】体温是临床诊断过程中必测的指标，脉搏也是。但在实际的诊疗中，并没有多少人去检测脉搏，而是以心率替代。毕竟心脏的听诊更为方便，也更为准确，而且还可以检查出脉搏检查不到的信息。脉搏检查，主要用触诊。不同的动物，触诊部位或者说触诊的脉搏并不相同。牛通常触诊尾动脉。图中的这位同学正在进行牛的脉搏测定，这是兽医临床诊断学实验课必须掌握的项目。中、小动物就不能再触诊尾动脉了，而要触诊前肢的肱动脉或后肢的股动脉。犬、猫、羊都采用触诊肱动脉或股动脉的方法进行脉搏检查。马属动物既不测尾动脉，也不测肱动脉、股动脉，而是触诊颌外动脉。颌外动脉有两条，左、右颌下各有一条。在中兽医领域，把脉可能比心脏听诊更为重要，对中兽医感兴趣的同学以后可以多学习一下。中兽医现在正在复兴，在很多宠物医院，针灸广受欢迎。

【PPT12】健康动物存在一个脉搏范围，以次/min 表示，牛 50~80，羊 70~80，犬 70~120，猫 110~120，马 26~42，驴 26~42，骡 42~54。不同动物之间的差异还是比较显著的。通常来说，动物个体越大，脉搏越低；动物个体越小，脉搏越高。据说蜂鸟的脉搏或心率每分钟可达 500 多次，而大象之类的庞大动物每分钟只有 20 多次。

【PPT13】脉搏的影响因素与体温的影响因素相同，其影响结果也一样。体温升高，脉搏增加；体温降低，脉搏减少。让我们来回顾一下那些影响因素：年龄、品种、营养、生产性能、性别、兴奋、运动、使役及采食、外界气温和昼夜。这些因素是怎么影响脉搏的？大家可以思考一下，这里就不做具体的分析了。

【PPT14】脉搏异常有次数增多和次数减少之分。脉搏次数增多，见于发热性疾病、传染病、疼痛性疾病、中毒病、营养代谢病、心脏病和严重的贫血性疾病。贫血发生时，血液携带的氧气减少，心脏只能通过增加心率带动血液快速循环以满足机体对氧气的需要，而心率快脉搏亦快。脉搏次数减少见于颅内压升高的疾病、胆血症、某些毒物中毒或药物中毒。其中，颅内压升高的疾病是指导致颅腔内压力升高的疾病。颅腔不同于腹腔，外有坚硬颅骨，空间狭小难于伸缩，一旦发生病变，在颅腔内必定占用一定的空间，从而使颅内压迅速升高，如颅骨骨折、脑肿瘤、脑膜炎、脑包虫和脑室积水等。

【PPT15】呼吸数也是动物体重要的基础生理指标，是临床检查不可不测的基本数据。呼吸数的测定方法有很多种，在临床上可根据实际情况选用。第一，利用胸廓的起伏动作或鼻翼的开张动作进行计数。一起一伏或一开一合为1次呼吸。第二，寒冷时观察鼻孔呼出的气体。这种方法应用起来最直观、最简单、最准确，可惜能遇到这样的寒冷机会实在不多。第三，通过听取呼吸音来计数。在听诊中我曾讲过，我们要养成"听诊维系着临床诊疗工作"的习惯，确实大有道理。听诊心率可代脉搏，听诊呼吸音可替呼吸数。一项听诊，解决了三大基础指标测定中的两项。第四，鸡、鸭等家禽可观察肛门羽毛的抽动而计算。不过，像家禽这样大群饲养的动物，一般不会去测体温、脉搏和呼吸数，而采用一种更有效的诊断方法——剖检。

【PPT16】呼吸数的表示方法与脉搏相同，也为次/min，牛10~30，羊12~20，犬10~30，猫10~20，马、驴、骡均为8~16。从以上数值来看，不同动物之间的差异并不是太大。

【PPT17】脉搏的生理性波动与体温、脉搏一致，这里不再赘述。

【PPT18】呼吸数和脉搏一样，也是有增多和减少两种病理变化。呼吸次数增多：第一，见于呼吸器官本身的疾病，如肺炎、支气管炎、鼻炎、猪肺疫、传染性胸膜肺炎等。呼吸器官发生炎症，会因黏膜肿胀、分泌物增多导致管腔狭窄，使气体进出不畅，最终只能通过加快呼吸频率弥补气体交换的不足。第二，见于多数的发热性疾病，包括发热性的传染病和非传染病。机体发热，代谢增加，需氧量增加，呼吸加快。第三，见于心力衰竭及贫血。心力衰竭血液循环动力不足，贫血时血液携氧能力不足，因此须通过加快呼吸弥补。第四，见于疼痛性疾病，如马属动物的腹痛病。第五，见于中枢兴奋的疾病，如脑充血、脑炎及脑膜炎等。

【PPT19】呼吸数减少存在四个方面的原因。第一，见于颅内压升高的疾病，如脑肿瘤、脑室积水等。第二，见于中毒性疾病，以及重度代谢紊乱。第三，当上呼吸道高度狭窄引起严重的吸入性呼吸困难时，由于每次吸气的持续时间显著延长，可相对地使呼吸次数减少。第四，呼吸数显著减少，并伴有呼吸方式和呼吸节律的变化，提示预后不良。通常情况下，体温升高，脉搏和呼吸数增多；体温降低，脉搏和呼吸数减少。三者同增，提示病情加剧；三者同降，提示病情好转。若体温、脉搏和呼吸数上升或下降的趋势不相同，即有的升、有的降，不是共同进退，则疾病多半预后不良。

【PPT20】体温、脉搏和呼吸数是动物体的三大基础指标，是临床诊疗过程中不可不测的基础数据。在实际诊疗过程中，要养成检查和记录体温、脉搏和呼吸数的习惯，并随时关注这三大指标的变化，对提高临床诊疗水平有着积极的意义。

本讲寄语是："自强不息，身如胡杨守古道；求真务实，心似塔水润丝路。"塔里木大学校训"自强不息，求真务实"是在特殊的历史时期提出来的，有着丰富的内涵，而我的理解就是上面一联。如胡杨般坚韧，数千年守候着西域古道；像塔水一般甘凉，绵延几千里滋润着丝绸之路，这或许就是塔里木大学及其师生员工的精神所在。胡杨的古意不在于茂盛，在于沧桑；塔水的奉献不在于汹涌，在于清凉。我们的身形类若胡杨，虽然佝偻，但能够坚守；我们的内心仿佛塔水，虽然有限，但能够长流。门前有塔河，四周有沙漠，不求花枝招展，但求独立千年。

第9讲　心脏的视诊、触诊和叩诊

　　【PPT1】从这一讲开始，我们步入了系统检查，首先是心血管系统的检查。心血管系统的组成我们都已知晓，体循环和肺循环的路径我们都已明白，心脏的结构我们都已掌握，唯一不知道的就是如何检查它们。心血管的检查方法有视诊、触诊、叩诊、听诊及特殊检查法。视诊主要观察心搏动情况，全身静脉瘀血及颈静脉波动情况；触诊主要检查心搏动、脉搏情况，心区有无疼痛及震颤等；叩诊主要了解心浊音区有无改变和有无疼痛反应等；听诊主要检查心音的频率、性质、节律、有无杂音和其他附加心音等；特殊检查是通过心电图、X线、血压计等仪器进行辅助性诊断。心脏疾病在宠物医疗行业中已经形成专科，但在大动物和一些经济动物领域，限于成本问题和技术问题，多数心脏病没有治疗的必要。技术问题多数是由经济问题决定的。

　　【PPT2】先来看心脏的视诊、触诊和叩诊。心脏是一个深藏于胸腔的器官，又是一个不停跳动的器官，一切生命体征的维持都依赖其忘我的工作。有胸腔内的跳动，就有体壁的振动，有了体壁振动，就有了视诊和触诊的基础。另外，心脏在体内位置相对固定，大小与动物躯体的比例相对恒定，因此在体表形成的投影相对固定，这就为叩诊奠定了基础。

　　【PPT3】本讲主要介绍四个方面的内容：一、心脏的视诊；二、心脏的触诊；三、心脏的叩诊；四、心音的组成与鉴别。其中，心音的组成与鉴别属于附加内容，为后面介绍心脏的听诊做必要的铺垫。

　　【PPT4】心脏位于胸腔左侧，包裹于纵隔之内，每时每刻都在跳动。视诊主要从胸壁起伏的状态来判断心搏动的强弱。视诊心脏在小动物如犬、猫、兔子中有一定的意义，但对于皮肌丰厚的动物没有任何作用。例如猪，膘肥体壮，心脏隐于"深宫大院"，些许跳动根本不能动摇其坚实的体壁，所以视诊时什么也看不到，触诊时什么也感觉不到。大动物如牛、马也是如此，多半看不到体壁的起伏，摸不到体壁的振动。因此，视诊在心脏检查上，应用范围不广。

【PPT5】触诊相对于视诊而言，应用范围有所拓展，但与叩诊和听诊相比，仍有很大的局限性。触诊大动物心脏时，一手放于动物体壁作为支点，一手伸入心区用手掌触诊，感知心脏跳动的频率和强度。心率的变化与脉搏变化相同，这里不再赘述。触诊可感知心搏动的强弱，如果心搏动增强，通常是心脏收缩力增强所致；如果心搏动减弱，却存在着各种个原因。正像《安娜·卡列尼娜》中的开篇名句一样："幸福的家庭都是相似的，不幸的家庭各有各的不幸。"心搏动增强就是幸福的家庭，而心搏动减弱就是不幸的家庭。心搏动亢进是心搏动增强的一种表现方式，见于发热病的初期、剧烈疼痛、贫血、心脏病的代偿期和病理性肥大。图中的X线片是一张胸片，可以清楚地看到心脏肥大。健康犬猫的心脏通常占位在三个肋间隙以内，现在大家可以数一数，心脏占了多少个肋间隙？数完之后就会发现，心脏显著增大。另外，气管位置的明显上抬，以及心脏与胸骨接触面积的急剧增大，都可以证明心脏的肥大。在X线侧位片上判断心脏是否增大的方法有很多，具体的方法将在后面的《兽医影像学》课程中讲解。心悸是心搏动异常增强的一种表现形式，确切的定义是指伴随着心搏动而引发的全身性震颤，即心脏一收缩，体壁一颤动。表面上是"心随我动"，实际上是"我随心动"，这里的"我"指的是体壁。心悸见于急性心包炎和心内膜炎等。

【PPT6】刚才说过，心搏动增强基本上都是心脏本身的问题，而心搏动减弱却存在各种原因，既有心脏本身的原因，也有心包、胸腔、胸膜、胸壁的原因，甚至还有检查者自身的原因。触诊不是直接触摸心脏，而是将手放于动物胸壁。胸壁与心脏之间关山重重，由内到外依次是心包、胸腔、胸膜。如图所示，从心脏到胸壁，任何一个组织或器官有所改变，都会导致心搏动减弱，毕竟心搏动强弱只是检查者的感觉，并不是心脏收缩的真实状态。心搏动减弱的第一原因是心脏收缩力下降，见于心脏的代偿障碍，如心力衰竭等。第二原因是胸壁增厚，见于纤维蛋白性胸膜炎及胸壁浮肿。胸壁一厚，胸壁振动就会减弱，对于检查者而言就会感觉到心搏动减弱，实际上并不是心脏的问题。在心脏和胸壁之间有三种介质，分别是心包、胸腔和胸膜，统称为介质状态，一旦介质状态改变，检查者就会感觉到心搏动减弱。介质状态改变见于胸膜炎、胸腔积液和心包炎等。一切导致心脏与体壁之间增厚的原因，都会导致心搏动减弱。假如心脏搏动正常、介质状态正常、体壁厚度正常，检查者还是感觉到心搏动减弱或者根本感觉不到心脏的搏动，这会是什么问题呢？福尔摩斯曾经说过："当你排除一切不可能的情况，剩下的，不管多难以置信，那都是真相。"从心脏到胸壁全部正常，如果还存在心搏动减弱的情况，那只能是检查者自己的问题了，尤其是检查者的手，该去医院检查了。

【PPT7】心脏的位置相对固定，一般不会自己主动移位。如果发生了移位，只可能是外力作用的结果。心脏移位有两种情况，一种是前移，另一种是右移。心脏前移的着力点是膈肌，膈肌前移的外力来源于腹腔，因此心脏前移见于胃扩张、腹水、膈疝和瘤胃臌气等。心脏在胸腔中的位置偏左，若右移，只能说明有来自左方的外力，通常见于左侧胸腔积液和气胸等。图中的 X 线片，可以观察到胸腔积气的征象，因为整个心脏有飘起来的感觉。这是侧位 X 线片，通过 X 线正位片对比，最后确诊为左侧胸腔积气。X 线片用于诊断，通常至少拍摄两张体位相互垂直的片子，有时需要更多。多角度观察，多种方法检查，多种资料综合分析，才能避免"盲人摸象"的错误。

【PPT8】触诊还可以判断动物心区是否存在疼痛，如果心区疼痛则动物有躲闪、反抗等疼痛症状。胸膜炎和心包炎是心区疼痛最主要的疾病。左图中由点组成的网状区域，就是心脏疼痛区，这是创伤性心包炎典型的疼痛区域。右图显示的不是疼痛，只是展示了一种躲闪行为。

【PPT9】心脏在体表有个投影，在这个投影区域内叩诊呈浊音，因此称为心脏浊音区。心脏浊音区有其定位方法，不同的动物其浊音区的位置有所差异，下面就来介绍这种方法。所有动物的心脏浊音区均位于肘后。牛心脏浊音区在左侧第 3~5 肋间，胸廓下 1/3 的中间部。从塑化标本心脏暴露的情况来看，也正是在第 3~5 肋间这个区域。马的心脏浊音区在左侧第 3 肋间，顶点距肩关节下第 4~6cm 处，然后引一条弧线到第 6 肋间所组成的区域。犬、猫心脏浊音区在左侧第 4~6 肋间，上缘达肋骨和肋软骨结合部。不同动物心脏浊音可有 1~2cm 的变化，不是完全与体表划定的界限相同。但若超过 2cm 就可能是心脏浊音区扩大或心脏浊音区缩小。

【PPT10】心脏浊音区扩大肯定是心脏自身问题引起的，但心脏浊音区缩小却是"别人"的原因。大家想一想，哪个器官和心脏最近，并且可以遮挡心脏，使心脏浊音区叩诊出现别的音响？大家是否还记得"举世皆浊我独清"这句话，"清"是清音的意思，那"我"指的是谁？是肺脏。心脏浊音，肺脏清音，如果心脏浊音区缩小了，只能说明肺所产生的清音区扩大了。因此，心脏叩诊区扩大是心脏本身的问题，而心脏浊音区缩小是肺脏的问题。在生活中小心眼的人很多，但在兽医临床上，真正的小心脏却并不多见。叩诊区扩大见于心脏扩张、心脏肥大和心包炎等。叩诊区缩小见于肺气肿、肺水肿和胸腔积气等。叩诊音的不同完全是由器官含气量的不同造成的，因此胸腔积气也会影响心脏浊音区的变化。

【PPT11】心音的组成在动物生理学课程中已经学过，现在旧事重提，是为下一讲——心脏的听诊服务的。心音由两个组成，分别是第一心音和第二心音。第一心音主要是二尖瓣和三尖瓣关闭的声音，同时也包括主动脉瓣和肺动脉瓣开启的声音以及血液变速冲击血管壁的声音。二尖瓣和三尖瓣虽然是两个不同的瓣膜，但因同时关闭，所以听到的只有一个声音，如果关闭不一致，就会造成心音重复或分裂。第二心音主要是主动脉瓣和肺动脉瓣关闭的声音，同时也包括二尖瓣和三尖瓣开启的声音以及血液变速冲击血管壁的声音。第一心音和第二心音在音响性质上有很大的不同，易于鉴别。

【PPT12】心跳是"咚—嗒"声音，第一心音为"咚"，音调低，持续时间长；第二心音为"嗒"，音调高，持续时间短。有几个鉴别点，如特点、位置、心音的时距和与心搏动的关系等。第一心音的特点是低而浑浊，持续时间长，尾音也长，最强部位在心尖部，与心脏收缩一致。而第二心音较高，持续时间短，尾音终止突然，最强部位在心底部，与心脏舒张一致。总体比较，第一心音到第二心音间隔的时间短，而第二心音返回到第一心音时间长。理论上的鉴别，作为专业人士需要清楚地知道，但要临床实操，只需辨别"咚—嗒，咚—嗒"即可。

【PPT13】心脏的视诊只能判断心搏动的强弱，但对于皮肌丰厚的动物没有任何意义。触诊可感知心搏动的强弱和移位，心搏动增强是心脏的问题，心搏动减弱是心脏、介质状态和体壁的问题；心搏动前移是腹腔的问题，心搏动右移是左侧胸腔的问题。心脏浊音区的扩大是心脏的问题，而心脏浊音区的缩小是肺脏或胸腔的问题。第一心音主要由二尖瓣和三尖瓣关闭的声音组成，第二心音主要由主动脉瓣和肺动脉瓣关闭的声音组成，第一心音和第二心音的音响性质存在明显不同。

本讲寄语是："油盐不进地坚守，一往无前地突破。"确立了理想，需要的只是坚守。然而，坚守并不容易。他人的言语、社会的风气、亲朋的劝说、好友的妄议，都可能动摇曾经以为坚不可摧的理想。只要有犹豫，就可能有崩溃。为此，理想需要油盐不进地坚守，任你口若悬河，我只死心塌地，内心不起一丝犹豫的涟漪。有了对理想的坚守，还要在通往理想的路上不断突破，才能最终保住自己至高无上的理想。一味坚守，一路向前，待到丰满的理想与自己的灵魂重叠时，"油盐不进"就会是世界上最美丽的坚守。

第10讲　心脏的听诊

【PPT1】听诊是心脏最重要的检查方法，不仅可以听取心音的频率，还可以分辨节律、强度、性质、心音的分裂与重复和心杂音等。可以说，听诊器是心脏疾病诊断的利器。但是，你能驾驭这个利器吗？

【PPT2】心脏听诊应当贯穿于诊疗的全过程，因为它可以实时监控心脏的运行情况。掌握了心脏的健康状况就在一定程度上掌握了生命的走向。

【PPT3】本讲主要介绍五个方面的内容：一、心音强度的检查；二、心音性质的检查；三、心音分裂的检查；四、心音节律的检查；五、心杂音的检查。

【PPT4】心音由第一心音和第二心音组成，两个心音既可以同时增强或减弱，也可以单个增强或减弱。同时增强与减弱，与触诊心搏动增强和心搏动减弱相同，这里不再赘述。除此之外，还可能出现单个心音增强或减弱，如第一心音增强、第二心音减弱等。先来看第一心音增强，其原因是心脏的收缩力增强和瓣膜的紧张度增高。收缩力增强时，二尖瓣和三尖瓣关闭的声音就大。瓣膜的紧张性增高，硬度就会增加，在闭合时就会产生更大的声音。第一心音增强时，听起来第一心音明显较第二心音为高，甚至有种震耳的感觉。通常见于发热性疾病、贫血、脱水、心脏肥大、心内膜炎及某些中毒等。

【PPT5】如果主动脉压和肺动脉压升高，其关闭主动脉瓣和肺动脉瓣的力量势必增大，就会出现第二心音增强。第二心音听起来较第一心音明显高朗。通常见于急性肾炎及左心室肥大等；也见于肺瘀血、肺气肿和二尖瓣闭锁不全等。

【PPT6】心音有增强就有减弱。如果心肌收缩力异常减弱或房室瓣钙化失去弹性，就会出现第一心音减弱。此时的第一心音非常小，甚至难于听取。见于心肌梗死或心肌炎末期。

【PPT7】若血容量减少或主动脉根部血压下降，就会导致第二心音减弱。此时的第二心音较小，甚至难于听取。主要见于大失血、严重脱水等；也见于主动脉瓣口狭窄及主动脉瓣闭锁不全等。心音之间的强弱是相对的，第一心音增强，第二心音就减弱；第二心音增强，第一心音就会减弱。单个心音的增强与减弱在于对比，没有比较，就没有强弱之分。左图的猫皮肤松弛，弹性降低，呈脱水状态，脱水后就会出现第二心音减弱。中图是瓣膜的闭锁不全示意图，瓣膜闭锁不全就相当于门不能关紧，所产生的心音自然会减弱。右图的犬口腔黏膜苍白，显然发生了贫血。贫血时，主动脉根部血压就会下降，"关门"自然无力，"关门声"自然减弱。无论是脱水、贫血，还是瓣膜闭锁不全，都可引起第二心音减弱。

【PPT8】心脏是"咚—嗒！咚—嗒"地跳，时钟是"嘀嗒！嘀嗒"地走，但在某种情况下，心音一改长短有致的节奏，变为钟表般的嘀嗒，这时就说明生命的时钟已经进入了倒计时。这种第一心音和第二心音彼此难分，间隔也大致相等的心律称为钟摆律。钟摆律一旦出现，说明心肌受到严重损伤。心肌受到严重损伤，生命之钟可能变成丧钟。丧钟因谁而鸣？因心肌炎。心肌炎有两种类型，一种是扩张型，另一种是肥厚型。肥厚型心肌炎如图所示，心壁与室间隔增厚，心腔严重狭窄。肥厚型心肌炎在 X 线正位片中呈"情人心"形状。出现这种"情人心"非但不能让有情人终成眷属，反而更像"薄命女偏逢薄命郎"，凄惨离别或死去只是时间问题。但我们兽医不能"葫芦僧判断葫芦案"，一定要明镜高悬，建立正确的诊断。

【PPT9】有时候心脏长短有致的"咚—嗒"声，会带有金属调。其原因是心脏周围有含气的大空腔。心脏周围哪个器官能形成含气大空腔，只有肺脏或原本就是空腔的胸腔。若心脏本身有个大空腔，那么早就血流成河，一命呜呼了。金属音见于胸腔积气、创伤性心包炎和肺空洞等。以后的课堂上，还要多次提到肺空洞，这里做一个简单的说明。肺空洞就是肺实质部分因肺结核、肺脓肿和肺坏疽等疾病而形成的一个空腔，里面充满气体。一提到肺空洞，脑子之中就应该立即想到三种病：肺结核、肺脓肿和肺坏疽。左图的牛患有创伤性心包炎，听诊心脏时就可能出现金属音。因为金属异物扎破心包，心包因穿孔而形成空洞。中图是手术治疗创伤性心包炎，术者从左肷部切口，经瘤胃深入网胃，拔出网胃上的金属尖锐物。牛体躯高大，手臂能由瘤胃深入网胃，非身高马大的人不能完成。所以，以前的兽医都是身高马大、孔武有力的男生。现在的兽医，多数涌入了宠物行业，而宠物行业需要亲和力更强的小巧玲珑的女生。右图是一个胸腔积气的病例，胸腔积气也可能使心脏听诊出现金属音。

【PPT10】在一定条件下，心音的分裂和重复是一回事儿。为什么这样说呢？以第一心音为例，它是由二尖瓣和三尖瓣同时关闭产生的。如果二尖瓣和三尖瓣关闭时间不一致，就会产生两个声音，但这两个声音同属于第一心音，只是分了家而已，因此称为第一心音分裂。如果"分家"后的两个第一心音强度一致，持续时间相同，就相当于出现了两个完全一样的第一心音，所以又称为心音重复。当然，如果分裂后的心音，在音响性质上并不相同，检查者能够明确分辨，那么这就是纯粹的心音分裂，而不能称为重复了。在大部分情况下，心音的分裂与重复是一个概念。第一心音分裂和重复见于一侧心室衰弱或肥大及一侧房室束传导受阻。第二心音分裂和重复是由主动脉瓣和肺动脉瓣关闭不一致造成的，见于引起主动脉或肺动脉高压的疾病。图中所示的是房室间隔缺损。凡是能够引起一侧心室排血量过多或排血时间延长的疾病均可引起第二心音分裂或重复。房室间隔缺损时，因肺循环瘀血引起肺动脉压力升高，右心室排血时间延长，因而肺动脉瓣关闭较晚，出现第二心音分裂或重复。

【PPT11】心音频率改变最为常见，但节律的改变却比较罕见。但罕见不代表没有，"奔马调"就是其中之一。奔马调一看就是一个比喻，就是心脏跳动声如奔马"得得得"的急促蹄声，一路向前，不曾停歇。简单地讲，奔马调是在原有心音外，出现一个额外心音，听起来像马奔跑时的蹄声。奔马调分为缩期前奔马调和舒期前奔马调。缩期前奔马调又称心房性奔马调，见于心肌炎、中度的主动脉瓣口或肺动脉瓣口狭窄。舒期前奔马调又称心室性奔马调，见于严重的心肌损害和心力衰竭等，如心肌炎、左心衰竭等。（左图）骏马奔腾蹄生调，（右图）心肌扩张力渐衰。

【PPT12】心音除了强度、性质、分裂和节律的变化，还有一种更重要的病理变化叫心杂音。心杂音是在某些病理过程中，在心音以外出现的一种具有不同频率、不同强度、持续时间较长的夹杂声音。它可与心音分开，或相连续，或完全遮盖心音，对心脏疾病的诊断具有重要意义。心杂音有心内杂音和心外杂音之分。心内杂音是伴随心跳而产生的心音以外持续时间较长的声音，而心外杂音是指心脏以外组织器官如心包产生的持续时间较长的杂音。心内杂音又可分为器质性杂音和机能性杂音；心外杂音可分为心包摩擦音、心包拍水音和心肺杂音。心杂音性质完全不同，有柔和的，有粗糙的，有如口哨的，有如锯木的，有如拍水的，有如摩擦的。心杂音各式各样，但大体上分为好听和难听两种，难听多属于器质性杂音，而好听基本上都是机能性杂音。

【PPT13】心内杂音分为器质性杂音和机能性杂音。器质性杂音是指瓣膜和心脏内部具有解剖形态学变化而产生的杂音。解剖形态一旦改变，将不能恢复，因此器质性杂音将持续存在，伴随动物的一生。瓣膜闭锁不全、血流通道狭窄、异常血流通道、心内膜的赘生物等均属于器质性病变，必然产生器质性杂音。机能性杂音是指瓣膜和心脏内部未发现有明显的病理变化而出现的杂音。血流加速的疾病如发热和贫血引起的心内杂音，属于机能性杂音。

【PPT14】器质性杂音和机能性杂音在出现时间、性质、持续时间、强度、传导性、稳定性、运动或应用强心剂的反应等方面均存在差异，因此容易鉴别。器质性杂音出现在心收缩期和舒张期，而机能性杂音仅出现在心收缩期；器质性杂音尖锐、粗糙、锯木样、搔抓样，非常难听、刺耳；而机能性杂音柔和、风吹样，较为悦耳；器质性杂音持续时间较为短促，而机能性杂音持续时间较长，常为全收缩期；器质性杂音明显、响亮，而机能性杂音虽然明显却不响亮；器质性杂音能够沿血流方向传导很远，而机能性杂音比较局限，传导不远；器质性杂音持续存在，而机能性杂音随着病情好转逐渐减弱，甚至消失；运动或应用强心剂之后，器质性杂音增强，而机能性杂音改变不定。器质性杂音是心脏解剖结构发生改变导致的杂音，除了通过手术修补外，不可能完全恢复；机能性杂音是血流变速引起的杂音，通过合理的治疗，很容易恢复到正常状态。

【PPT15】心外杂音大部分由心包发生病变后产生。心包摩擦音是因心包壁层和脏层之间有纤维蛋白沉着，随着心脏运动摩擦而产生的声音，音质粗糙，类似于捻发音，见于心包炎。临床上鸡大肠杆菌病常导致心包炎、肝周炎和气囊炎。其中，心包炎以纤维蛋白渗出物为主，这时就会产生心包摩擦音。听诊心脏，只要听到心包摩擦音，动物必然患有心包炎。

【PPT16】心包拍水音是因心包内积聚了大量液体，随着心脏运动而振动产生的声音。心包拍水音如同击水的声音，有时甚至带金属调，见于心包炎。由图中的犬 X 线片可知，心脏异常增大，在正位片中有如球形；由剖检图片可知，心包内有大量的积液流出，这些就是心包炎的主要影像特征和病理剖检变化。临床上只要听到心包拍水音，动物必定患有心包炎。在临床上，只要检查心脏时听到心包摩擦音或心包拍水音，就说明动物患有心包炎。那么，反过来，是不是动物发生了心包炎就一定能够听到心包摩擦音或心包拍水音呢？答案是不一定。心包炎发生时，纤维蛋白渗出物和液体渗出物均很少，此时既没有心包摩擦音，也没有心包拍水音。发展到一定程度，纤维蛋白渗出物增多，才出现心包摩擦音。随着液体渗出物的增多，隔离了附着大量纤维蛋白渗出物的壁层和脏层，而液体的量又不足以产生拍水音，这时既没有心包摩擦音，也没有心包拍水音；随着液体渗出物的大量增加，出现心包拍水音，此时心包壁层与脏层虽附着着大量纤维蛋白渗出物，但两层之间远隔重洋，只闻水声相击，不见两壁互摩，因此没有心包摩擦音。不同的时期，出现不同的心外杂音或不出现心外杂音。不是只要发生心包炎就能听到心包摩擦音和心包拍水音，而是听到心包摩擦音或心包拍水音一定是发生了心包炎。

【PPT17】还有一种心外杂音叫心肺杂音。所谓心肺杂音是指心脏扩张、收缩力增强，在其活动幅度增大的情况下，当心脏收缩时，胸腔负压增高，大量空气由支气管进入肺泡而产生的杂音。心肺杂音多出现在心肺交界处，在吸气时增强。心外杂音还有一种非常特殊的杂音，在胸部听诊时，居然可以听到肠蠕动音。我们都知道，肠管属于腹腔器官，是不应该出现在胸腔的。但是现在它就出现了，请问有没有可能？鸠占鹊巢的事情不止发生于生物之间，也见于疾病之中。左图的胸片，胸腔中有明显的肠道影像。怎知道它是肠道影像呢？因肠道中有气体，所以看起来就是这种条状的低密度阴影。这种疾病叫心包疝，多是先天性的，因心包没有发育好，肠道通过膈肌进入了心包。

【PPT18】心脏听诊是心脏最重要的临床基本检查法，需要掌握的内容有很多。不但要掌握心音强度、性质、分裂和节律的检查内容，还要充分了解心杂音的成因、特征及临床意义。

本讲寄语是："有机会不拒，没机会不惧；谈得来不拘，谈不来不聚。"一味地退让是虚伪的表现。当机会来临时，保持一定的谦恭十分必要，但退无可退时，必须当仁不让。反过来，没有机会也不是什么恐惧的事情，静待时机是最佳的选择。机会是为有准备的人而准备的，准备好了何必拒，未准备好又何须惧？正所谓得之何喜，失之何悲。准备充分了，随时都能有机会；未准备充分，机会来了又能如何？

交友就是为谈得来，只要谈得来又何必在乎所交的朋友是哪三教、哪九流？说话投机不是一方奉承，一方享受，而是建立在共同价值观上的推心置腹。上至帝王将相，下至贩夫走卒，谈得来是交友的金标准。无论多么丰盛的酒菜，无论多么高档的聚会，只要有一人不合群，顿时兴致全无。聚会本为高兴，本为放松，一群没有共同语言的人硬聚到一起，徒增烦恼。

第 11 讲　静脉检查及采血与抗凝

　　【PPT1】动脉触诊或者说脉搏检查，我们已经讲过，属于临床三大基础指标之一，对疾病的诊断有重要意义。实际上，不仅仅是动脉，静脉检查也相当重要。可通过静脉的充盈度判断血液的循环状态，通过颈静脉波动的检查判断心脏的机能状态。

　　【PPT2】静脉检查其实远不止简单的视诊和触诊，还可以进行穿刺检查。对于实验室检查来说，很多检查项目的样本是血液，而血液主要采自静脉。所以，静脉穿刺或者说采血是兽医临床诊断学中最重要的操作方法之一。再者，血液采集后要抗凝，否则血液很快就会发生凝固，致使很多项目无法进行检查。不同的检查项目，需要不同的抗凝剂，因此抗凝剂的选用也是大有学问的。

　　【PPT3】本讲主要介绍四个方面的内容：一、静脉检查；二、血液采集；三、血样处理；四、血液抗凝。其中血液抗凝是本讲的重点。

　　【PPT4】首先来看静脉充盈度的检查。所谓静脉充盈度检查，就是观察静脉血管中血液的量，如果远超正常的血量，血管扩张，称为静脉怒张。如果血管塌陷，即使压迫近心端也不能充盈，称为静脉萎陷。静脉怒张是因为局部静脉受压、心力衰竭或引起胸腔内压升高的疾病所导致的。静脉受压，血液回流受阻，就会出现静脉怒张；心力衰竭，心脏射血能力下降，残留在心腔的血液增多，从而影响静脉回流而出现静脉怒张；胸腔内压升高，静脉回流受阻，从而出现静脉怒张。我们都知道，健康动物的胸腔内是负压，有利于静脉回流到心脏，如果负压状态改变，就会影响静脉的回流。胸内压升高的疾病指的是哪些疾病呢？最常见的为气胸和胸腔积液，其次为膈疝。静脉怒张时，原本不明显的静脉会变成绳索状。如图所示，三张图的颈静脉均明显扩张，犹如一根粗绳索横于颈静脉沟。静脉怒张重点在一个"怒"字，大家可以仔细体会一下中文的选字、遣词与造句。如今社会上盛行着一句话："得语文者得天下！"诚不谬矣！

【PPT5】如果血管衰竭，大量血液瘀积在毛细血管床内，就会出现静脉萎陷。静脉萎陷时静脉塌陷，有时候即便插入针头也不见回血。临床上最怕遇到严重脱水的动物，想建立个静脉通路，难如登天。如果是正常的犬、猫，即使只有几百克，想做静脉穿刺也没有多大问题，但是如果严重脱水，纵使二三十公斤的犬，有时也比较困难。静脉萎陷见于休克、严重毒血症等。

【PPT6】颈静脉是动物最重要的静脉之一，左右各有一条，位于颈静脉沟内。颈静脉受心脏搏动的影响会发生逆蠕动，但幅度不大。若逆蠕动超过长度的1/2，就是一种病理情况，称为颈静脉波动。根据波动的特点可分为阴性波动、阳性波动和伪性波动。当心脏衰弱，右心瘀滞时，颈静脉就会出现阴性波动，在心房收缩时产生。阴性波动时，按压颈静脉的中部，近心端与远心端的波动均消失。图中的四张X线片，均为右心增大。正位片中，右心增大会出现典型的反"D"形状。在侧位片中，右心增大可见心脏基部前段气管上抬。

【PPT7】当三尖瓣闭锁不全时，颈静脉会出现阳性波动，在心室收缩时产生。此时按压颈静脉中部，远心端波动消失，近心端波动仍然存在。图中的两张超声图和一张X线片均显示三尖瓣闭锁不全。

【PPT8】伪性波动之所以称"伪"，是因为颈静脉的波动只是一种假象，真正发生波动的是颈动脉。颈动脉波动过强，引起颈静脉沟发生波动，颈静脉沟波动最终引起颈静脉波动。因此，当按压颈静脉中部时，近心端与远心端的波动均不消失。伪性波动见于主动脉瓣闭锁不全。图中三张X线片所显示的就是主动脉瓣闭锁不全。

【PPT9】颈静脉的阴性波动、阳性波动和伪性波动比较容易鉴别。主要是按压颈静脉中部，然后观察颈静脉的波动情况。如果远心端和近心端波动均消失，为阴性波动；如果远心端消失，而近心端仍然在波动，为阳性波动；如果远心端和近心端仍在波动，为伪性波动，伪性波动的实质是颈动脉在波动。假如动物发生心动过速，阴性波动和阳性波动均会明显加强，而伪性波动基本上不受影响。

【PPT10】静脉采血是临床上最常用的操作方法，是必须掌握的临床技术。不同的动物，其选择的静脉是不同的。适合颈静脉采血的动物有马、牛、羊、驴、骡、鹿和猪等，适合耳缘静脉采血的动物有羊、犬、猫和兔等，适合翅内静脉采血的是鸡、鸭、鹅等各种家禽，适合前臂头静脉采血的动物是犬和猫，适合前腔静脉采血的是猪。图中所示，是猪前腔静脉的采血方法。猪这种动物，皮糙肉厚，颈静脉很难充盈暴露，只能认准部位，听凭感觉，刺破静脉，抽吸血液。

【PPT11】左图是猫前臂头静脉采血的方法，要有助手保定才行。右图是牛颈静脉采血的方法,一手按压近心端,待颈静脉怒张后,看准部位,用劲插入针头。本讲以展示各种动物采血部位为主,具体操作方法不做详述,将在实验中予以讲解并示范。猫胆小易惊,既咬人也挠人,操作起来比较困难。牛的颈静脉粗如绳索,但皮肤非常坚硬,不能充分应用腕力,是很难插入血管的。

【PPT12】左图是猪的颈静脉采血方法,猪采取站立保定。右图也是猪的颈静脉采血,采取的是横卧保定。猪体重较大时,可采取站立保定;体重较小时,可采用横卧保定。猪的站立保定,相对容易一些,只要用一个活绳套从吼叫的口中套入上颌,抽紧即可。猪被套入上颌,一个劲儿往后退,这时助手或检查者只要拉住绳索即可。猪因绳牵而站立不动,这时采血者就可以随心所欲,尽情采血了。猪的可悲、可怜之处在于不知道以进为退的道理,否则一个"退则紧,进则松"的绳索又怎么能够束缚它的自由呢?以进为退,大家要记住这种智慧的生存哲学。

【PPT13】左图是犬前臂头静脉采血的方法,取站姿,由助手保定并按压静脉的近心端。犬在临床上比较容易操作,但是遇到脾气暴躁的犬,也往往无从下手。右图是猫颈静脉采血的方法。在临床实际操作中,采血能否成功,保定是至关重要的。

【PPT14】左图是羊的颈静脉采血,中图是犬颈静脉采血,右图是马颈静脉采血。颈静脉采血首先要把动物的头部保定好,头不能乱甩,否则容易伤到人;犬还要保定好嘴,以免因吃痛而产生攻击行为。羊相对温顺,但也要保定好,否则影响操作。

【PPT15】左图为猫后肢隐静脉采血,注意观察图中的保定方法。一只手不仅有效保定后肢,而且顺势按压住了静脉的近心端。右图是犬中隐静脉采血,保定方法与猫相类似。

【PPT16】左图为鸡翅内静脉采血。采血时一要保定确实,二要充分暴露翅膀根部。右图牛尾静脉采血,该法较颈静脉采血更为方便。

【PPT17】如果检测项目所需血液样本较少,或者动物个体太小,或做某些寄生虫检查,可采用末梢采血法。适用于耳尖部采血的动物有牛、马、犬、猫等,适用于耳缘静脉采血的动物有猪、羊、兔等,适用于冠或肉髯采血的有鸡、鸭、鹅等,适用于断尾采血的有小鼠等。左图是猫的耳尖部采血,中图是小白鼠,如采少量血液可采取断尾法。右图是兔子的耳缘静脉采血。

【PPT18】因为动物个体太小或需要大量血液时可进行心脏采血。左图是豚鼠的心脏采血,中图是兔子的心脏采血,右图是鸡的心脏采血。心脏采血要求比较高,要严格按照消毒规程和技术要点操作,否则易引起动物死亡。

【PPT19】还有一些特殊的采血方法或特殊动物的采血方法。小鼠可以采取摘眼球的方法采血，野生动物如老虎可进行尾部采血。鉴于兽医服务对象的广泛性，一些爬行动物或猛禽也需要采血化验，这就不是一般兽医能够操作的了，需要专门的异宠兽医来做这件事情。异宠的诊疗，是未来兽医发展的一个重要方向。

【PPT20】不同的检测项目需要不同的血液样品。血液样品通常分为三种，即全血、血浆和血清，三者之间存在以下关系：全血=血浆+血细胞，血浆=血清+纤维蛋白原，全血=血清+纤维蛋白原+血细胞。采血后未经任何处理或添加抗凝剂使血液处于未凝固状态就是全血；采血后添加抗凝剂，低速离心，上清液即为血浆；采血后，不添加任何抗凝剂，血液凝固后低速离心或4℃下自然析出的上清液，即为血清。因血液在凝固过程中消耗了纤维蛋白原，因此血清之中只比血浆中少了纤维蛋白原的成分。一些检测项目只需一滴血液，即采即用，不需要抗凝，这时就可以采集末梢血。末梢血是指采集耳尖、脚掌、冠或肉髯的血液，一般情况下，因污染原因，首滴丢弃，使用第二滴及以后的血液。但是，若进行寄生虫检测，则必须使用第一滴血，因为虫体喜欢聚集在末梢，第一滴血检出率最高。做血液的实验室检查时，一定要先明确检查项目所需的样品类型，然后根据需要对样品做相应的处理。若是需要添加抗凝，应当根据检测项目恰当选用，而不能随意取用，其中的道理稍后讲解。

【PPT21】临床上常用的抗凝剂有四种，其中三种的抗凝原理相同。血液凝固有两种途径，一种是内源性途径，由凝血因子Ⅻ启动；一种为外源性途径，由凝血因子Ⅲ启动。无论是内源性途径还是外源性途径，凝血过程均分为三步：第一步，凝血酶原激活物的形成；第二步，凝血酶原变成凝血酶；第三步，纤维蛋白原变成纤维蛋白。三步之中，抑制任何一步，都会起到抗凝效果。凝血因子有很多种，但起凝血作用的只有十二种。若这些因子缺乏，则血液就不能凝固。在众多的凝血因子中，凝血因子Ⅳ大家最熟悉，是钙离子。钙离子广泛参与凝血过程，在三步凝血过程中均发挥重要作用。因此，只要去除钙离子，血液就无法凝固。草酸钙、枸橼酸钠和EDTA的抗凝原理均是去除血液中游离的钙离子，而肝素钠则是抑制凝血酶原变成凝血酶、纤维蛋白原变成纤维蛋白。先来看草酸盐，它的抗凝原理是与血液中钙离子形成不溶性草酸钙。通常配制成10%的溶液使用，2mg草酸盐可抗凝1mL血。若要制作抗凝管，可在试管中滴加适量的草酸盐抗凝剂，然后在45~55℃的干燥箱中干燥。草酸盐由草酸钾和草酸铵组成，其中草酸钾使血细胞皱缩，草酸铵使血细胞膨大，二者联合使用，作用相互抵消。该抗凝剂适用于血液细胞学检查和红细胞压积的测定。有市售的草酸盐抗凝管，盖帽为灰色，如左图所示。右图是红细胞压积测定管，中图是血液离心后的分层情况。红细胞占全血的容积比，称为红细胞压积或红细胞比容。

【PPT22】枸橼酸钠也叫柠檬酸钠，其抗凝原理是与血液中的钙离子形成非离子化的可溶性化合物。常用浓度为3.8%，5mg可抗凝血1mL血液。适用于红细胞沉降速率的测定和输血。现在国家提倡无偿献血，其采血袋中的抗凝剂就是枸橼酸钠。市售枸橼酸钠抗凝管盖帽为蓝色和黑色两种，如图所示，其中蓝色抗凝管枸橼酸钠浓度为3.8%，主要用于凝血实验；黑色抗凝管枸橼酸浓度为3.2%，主要用于血沉实验。右图所示为血沉实验，就是观察不同的时间段红细胞下降的高度，以此确定红细胞沉降的快慢。

【PPT23】EDTA-Na_2称为乙二胺四乙酸二钠，其抗凝原理是与钙离子形成螯合物。常用的浓度为10%，制作抗凝管的干燥温度为50~60℃，适用于血液学检查，尤其血液有形成分的检查。血常规检查（右图）、血涂片检查（中图）等，通常使用的抗凝剂是EDTA-Na_2。EDTA不仅有二钠，还有二钾和三钾。如图所示，市售抗凝管为紫色盖帽。EDTA不仅是一种抗凝剂，同时对细菌生物被膜还有一定的抑制作用。什么是生物被膜？这是一个很有趣的东西，感兴趣的下去查阅一下相关资料。生物被膜是当前科学研究的热点。

【PPT24】肝素钠是实验室检查最常用的抗凝剂，抗凝效果非常好，但因对细胞着色较差，所以细胞形态的检查需首选EDTA，而其他生化指标的检查均可使用肝素钠。肝素钠的抗凝原理是主要抑制凝血酶原转化为凝血酶、纤维蛋白原转化为纤维蛋白。常用浓度为1%，制作抗凝管需在37℃下干燥，适用于大多数实验室检查。肝素钠不仅是一种抗凝剂，还是一种抗血栓药物。市售抗凝管为绿色盖帽。

【PPT25】市售的离心管不仅仅有灰色的草酸盐抗凝管、蓝色和黑色的枸橼酸钠抗凝管、紫色的EDTA抗凝管和绿色的肝素钠抗凝管，此外还有橙色和黄色的促凝管，以及红色的普通管。抗凝剂的抗凝原理、使用浓度、适用范围需要我们牢牢掌握，市售抗凝管盖帽的不同颜色含义需要我们了解。了解抗凝剂是进行实验室检查的第一步。

【PPT26】静脉检查注要意充盈度和波动的变化，采血要熟记不同动物的采血部位，血液样品的类型和处理方法需要熟知，抗凝剂的抗凝原理、使用浓度、适用范围需要掌握。

本讲寄语是："综前人研究之精华，述后人努力之方向，是为综述。"综述反映的是眼界问题，没有眼界的文字堆砌不能称之为综述。综述是人生的明灯，不仅照亮古今，而且照亮前程。做研究、报项目、写文章、做演讲、授课、面试、答辩、辩论，都离不开综述。不吸取前人的成果，怎么能够站在巨人的肩膀上？不站在巨人的肩膀上，又怎么能够成功？当然，站在巨人的肩膀上并不意味着一定能够成功，成功还需要开阔的眼界和强大的执行能力。从前人研究的精华中看出后人努力的方向，就是真知灼见。若再用文字表达出来，就是我们通常所说的综述。综述的难度只有高手才能体会，普通人只知道摘录和堆砌，根本体会不到综述的难度。前见古人，后见来者，这就是综述的本质内涵。

第12讲 红细胞检查

【PPT1】对于血常规检查大家可能都不陌生，但凡上医院看病，都会扎一下手指头，用毛细管吸一滴血进行血细胞检查，这种检查就叫血常规检查，主要用来检查血细胞的数量和比例。当前，血液分析仪已经成为动物医院必备的设备，很多疾病的第一项检测必然是血常规，但血常规只是看看红细胞数量和血红蛋白含量判断一下是否贫血，看看白细胞数量判断一下是否感染吗？虽然很多临床医生是这样做的，但实际上血常规所蕴含的信息远不止于此。

【PPT2】红细胞的生成受多种因素的制约，因此红细胞检查能够反映机体的多种状态。虽然都是学兽医的，但对红细胞检查的重要意义却不是人人都能了解。我看过一位台湾兽医专家关于贫血的课件，叹为观止。平时对血常规的解读，基本上是在捡芝麻，而把硕大的西瓜丢在身后，视而不见。血常规检查不仅要看各种指标的数值，更要看血细胞直方图，如红细胞直方图、白细胞直方图和血小板直方图。我在悬疑讲堂上曾做过关于《血液直方图》的讲座，课件发布在了"塔大兽医"微信公众号上，有兴趣的同学可以关注一下公众号，搜索一下血液直方图的课件，相信会颠覆你对血常规的粗浅认识。

【PPT3】本讲主要介绍五个方面的内容：一、红细胞生成；二、红细胞计数与血红蛋白含量测定；三、红细胞压积与血沉检查；四、红细胞指数与贫血检查；五、红细胞形态学检查。

【PPT4】红细胞生成需要多种原料。首先由甘氨酸和琥珀酰辅酶 A 在维生素 B_6 的参与下生成原卟啉，原卟啉和铁结合生成血红素，血红素和珠蛋白结合生成血红蛋白，血红蛋白进一步合成红细胞。在红细胞成熟过程中需要维生素 B_{12} 和叶酸的参与，而维生素 B_{12} 的活性成分是钴。在铁与原卟啉合成血红素的过程中，铁需要一种转铁蛋白的转运，才能发挥其生成血红素的功能。但转铁蛋白只转运三价铁，拒载二价铁。所以，铁在被转运之前需由二价氧化成三价。氧化就需要氧化剂，而铜蓝蛋白此时扮演的正是氧化剂的角色。铜蓝蛋白的核心成分是铜。当然铁氧化成三价后，又被还原为二价铁，二价铁才能与原卟啉合成血红素。红细胞合成还有很多影响因素，这里只列出一些比较重要的因素。由此可知，机体缺乏甘氨酸、琥珀酰辅酶 A、维生素 B_6、铁、铜蓝蛋白、铜、转铁蛋白、原卟啉、血红红素、珠蛋白、维生素 B_{12}、叶酸和钴等，均会导致贫血。光是营养因素就有这么多，再加上失血性原因、溶血性原因和再生障碍性原因，贫血会有多么复杂？

【PPT5】健康动物每升血液中的红细胞数量是相对恒定的，当发生某些疾病时，红细胞就会增多或减少。我们先来看红细胞数量和血红蛋白含量增多。增多分为相对性增多和绝对性增多。相对性增多不是红细胞数量的增多和血红蛋白含量的增高，而是血浆中水分丧失导致血液浓缩，相比较而言，每升血液中的红细胞数量增多了，所以是个相对性概念。就像我们煮米做饭一样，同样是 5000 颗米，放在 1L 水中，单位体积的米数量就是 5000 颗；现在水分丧失了一半，变为 0.5L，单位体积的米数量就变为 10000 颗。实际上米一颗都没有增加，只是在固有的测量计算方法下相对增多了。这种相对增多见于呕吐、腹泻、瘤胃积食、瓣胃阻塞、渗出性胸膜炎、中暑和大面积烧伤等。如图所示，犬的呕吐会造成机体脱水；牛的瘤胃酸中毒会造成腹痛、腹泻，以及瘤胃液渗透压升高而导致机体脱水；仔猪的腹泻会造成脱水，犬的大面积烧伤也会造成机体脱水。以上疾病均可导致机体脱水、血液浓缩，只要补充一些液体就能恢复正常。

【PPT6】绝对性增多分为两种，一种是原发性增多，另一种是继发性增多。原发性增多是造血系统骨髓出了问题，继发性增多是红细胞生成素在作怪。当发生骨髓增生性疾病时，会导致原发性红细胞增多。骨髓是造血器官，当发生肿瘤、细胞异常增生时，不仅红细胞生成增多，白细胞和血小板生成也会增多。

【PPT7】红细胞生成素是一种由肾脏产生的糖蛋白，能够刺激造血多能干细胞形成红细胞祖细胞，最终导致继发性红细胞增多。高原反应、慢性阻塞性肺病、先天性心脏病、肾脏疾病和肿瘤疾病，都会引发红细胞生成素增多，从而导致继发性红细胞增多。左图是人类的慢性阻塞性肺病示意图，中图是人类肾脏发生肿瘤性病变的示意图，右图是犬肾脏异常肿大的 X 线片。在兽医临床上，红细胞数量增多、血红蛋白含量增加，大多数属于相对性增多，即机体脱水；只有少部分是因为骨髓增生引起的原发性红细胞增多，或红细胞生成素增多引起的继发性红细胞增多。血红蛋白位于红细胞内，红细胞增多，血红蛋白含量自然增加。

【PPT8】红细胞数量相对于增多而言，减少更为常见。红细胞数量减少或血红蛋白含量降低，在临床上称为贫血。贫血的类型很多，大体上可以概括为四类，即失血性贫血、溶血性贫血、营养性贫血和再生障碍性贫血。失血性贫血是由急性或慢性失血造成的血容量减少，见于胃溃疡、球虫病、钩虫病、维生素 C 和凝血酶原缺乏、草木樨中毒和脾血管肉瘤等。胃溃疡的动物会出现吐血，球虫病的动物会出现便血，凝血酶原缺乏的动物会出现皮肤出血，鼻腔肿瘤的动物会出现衄血，肺破裂的动物会出现咳血，膀胱炎的动物会出现尿血，胸腔或腹腔器官破裂会出现内出血，所有的这些出血性疾病，最终均导致失血性贫血。红细胞的破裂称为溶血，溶血后红细胞的功能也随之丧失，而且由于血红蛋白释放到血液中，代谢成血红素，最终动物的皮肤和黏膜不但因贫血而出现苍白，而且因血红素的作用出现黄疸。溶血性贫血见于牛巴贝斯虫病、牛泰勒虫病、钩端螺旋体病、甘蓝中毒和野洋葱中毒等。左图为抗凝血类杀鼠药中毒，导致皮肤存在大量出血斑，内脏也会发生慢性出血，久而久之就会因失血过多而死亡。中图的犬，患有血小板减少症，导致皮肤及各器官组织出血，从而引发贫血。右图的猫感染了弓形虫，弓形虫寄生于红细胞，导致红细胞破裂，发生溶血性贫血，全身皮肤和黏膜均发生黄疸，同时会出现血红蛋白尿。

【PPT9】如果造血所需的营养物质缺乏，就会导致营养性贫血。造血所需的主要营养物质刚才已经介绍过。营养性贫血主要见于蛋白质缺乏，铜、铁、钴等微量元素缺乏及 B 族维生素缺乏症等。左图的犬眼结合膜苍白，提示贫血。因造血系统抑制或破坏而引起的贫血称为再生障碍性贫血，见于辐射病、蕨中毒、猫瘟、垂体功能低下、肾上腺功能低下和甲状腺功能低下等。中图是猫的甲状腺触诊方法，患有甲状腺功能减退时，甲状腺可能肿大。右图是甲状腺功能低下患犬的临床表现，安静、无力，甚至嗜睡，同时也会发生贫血。四种贫血类型，失血性贫血和溶血性贫血属于再生性贫血，意思就是失去的血可以通过造血系统补充；营养性贫血和再生障碍性贫血属于非再生性贫血，就是说失去的血永远失去了，而且也不会得到新鲜血液的补充。为什么？再生障碍性贫血不用说，造血系统都出现故障了，哪来的新鲜血液？实际上，营养性贫血也是如此。试想，造血的原料已经消耗殆尽，纵然造血系统正常又能如何？毕竟巧妇难为无米之炊。再生性贫血和非再生性贫血说的是一种自然状态、原始状态，换句话说，就是不经过任何治疗，能够补充新鲜血液的就是再生性贫血，不能补充新鲜血液的就是非再生性贫血。

【PPT10】红细胞压积也称红细胞比容，是指红细胞在血液中所占容积的比值，对于脱水和贫血的判断具有重要意义。如图所示，血液抗凝离心后，最下层的红色部分为红细胞，最上层的清亮微黄的液体是血浆，中间细小的白色部分为白细胞和血小板。红细胞压积升高见于引起血液浓缩的疾病，如呕吐、腹泻、大面积烧伤、瘤胃积食和瓣胃阻塞等。红细胞压积降低见于各种类型的贫血。在诊断过程，测定红细胞压积对于缩小诊断范围有一定帮助；在治疗过程中，定期测定红细胞压积，有利于准确判断动物的脱水程度，从而更好地制订补液计划。临床诊疗中，最理想的情况是，发病前测一次红细胞压积，发病后再测一次，这样就能更准确判定动物的脱水程度。而实际上这是不现实的，动物什么时候发病并不知道，动物健康时也没人会去测定红细胞压积。因此，只能根据健康时的数据设一个平均值，作为正常值的参考。健康犬的红细胞压积定为45%，健康猫的红细胞压积定为35%。在宠物临床上，红细胞压积每升高一个百分点，每千克体重需补液10mL。

【PPT11】红细胞沉降速率简称为血沉，是指在室温下观察抗凝血中红细胞在一定时间内在血浆中沉降的速率。图中所示，就是血沉的测定过程。血液经草酸盐抗凝，吸入血沉管，垂直竖立在血沉架上，然后每隔15分钟观察一下刻度值，从而计算血沉。血沉升高见于贫血、炎症及组织损伤或坏死，如结核病、全身性感染、心肌炎、子宫蓄脓和慢性间质性肾炎等。贫血时，血液稀薄，浮力降低，因此血沉升高。发生炎症时，炎性渗出物增多，夹杂于红细胞中，使红细胞重力增大，因此血沉升高。血沉降低见于机体严重脱水，如胃扩张、肠阻塞、急性胃肠炎、瓣胃阻塞、发热性疾病和酸中毒等。机体脱水，血液变得浓稠，浮力增大，因此血沉降低。

【PPT12】健康状态下，不同动物的血沉值存在较大差异。对于马来讲，15分钟下降29.7mm，30分钟下降70.7mm，45分钟下降95.3mm，60分钟下降115.6mm，下降速度非常快。但是对羊来讲，血沉的速度却相当慢，15分钟下降0mm，30分钟下降0.2mm，45分钟下降0.4mm，60分钟下降0.7mm。表中所列四种动物的血沉参考值，马的血沉速度可谓一马当先，快马加鞭，绝尘而去。其余动物如牛、羊、猪等，沉降缓慢。

【PPT13】判断动物是否贫血不能只看红细胞数量和血红蛋白含量，应该观察和分析更细致的指标——红细胞指数。红细胞指数是指平均红细胞体积、平均红细胞血红蛋白含量和平均红细胞血红蛋白浓度的总称，对贫血类型的鉴别有重要意义。可以这样说，红细胞和血红蛋白只能提示动物是否发生了贫血，而红细胞指数可以提示动物发生了什么类型的贫血。平均红细胞体积（MCV）是指平均每个红细胞的体积，单位为飞升（fL）。飞升是个什么概念，这得从升讲起。1L等于1000mL，而毫升后面的千进制单位依次有微升、纳升、皮升和飞升。由此可知，1L = 10^{15} fL。平均红细胞体积的计算公式是：MCV = HCT/RBC×

10^{15}。平均红细胞血红蛋白含量（MCH）是指每个红细胞内所含血红蛋白的含量，单位皮克（pg）。计算公式是：$MCH = Hb/RBC \times 10^{12}$。平均红细胞血红蛋白浓度（MCHC）是指平均每升红细胞中所含血红蛋白浓度，单位克/升（g/L）。计算公式是：$MCHC = Hb/HCT \times 100\%$。平红细胞体积决定了红细胞的大小，平均红细胞血红蛋白含量决定了红细胞色素的深浅。

【PPT14】根据红细胞指数可以更加细致地划分贫血的类型。在贫血状态下，MCV 和 MCH 升高、MCHC 正常，称为大细胞贫血，见于叶酸和维生素 B_1 缺乏所引起的巨幼细胞贫血、恶性贫血；MCV、MCH 和 MCHC 均正常称为正细胞贫血，见于再生障碍性贫血、急性失血性贫血和溶血性贫血等；MCV 和 MCH 降低、MCHC 升高，称为单纯小细胞贫血，见于慢性感染、炎症、肝病、尿毒症、恶性肿瘤和中毒等；MCV、MCH、MCHC 均降低，称为小细胞低色素贫血，见于缺铁性贫血、铁粒幼细胞性贫血、珠蛋白生成障碍性贫血等。其实，还有一个指标，和红细胞指数结合起来评价，更能说明贫血的种类。这个指标是红细胞分布带宽（RDW），是反映红细胞体积异质性的参数，用红细胞体积大小的变异系数来表示，比血涂片上红细胞形态大小不均的观察更客观、准确。大家可以查阅相关资料，自学一下，就会发现红细胞检查原来奥妙无穷！

【PPT15】贫血的动物不仅红细胞数和血红蛋白含量减少，而且红细胞质量也发生改变，这种改变可以从红细胞的大小、形态和细胞质的着色等方面反映出来。将血液涂片染色后，进行红细胞形态学检查，对推断贫血的病因具有重要意义。红细胞形态学异常分为四大类，一是大小异常，二是形态异常，三是染色异常，四是结构异常。大小异常包括小红细胞、大红细胞、红细胞大小不均和巨红细胞等。形态异常包括靶形红细胞、球形红细胞、裂红细胞、口形红细胞、棘形红细胞和椭圆形红细胞等。染色异常包括低色素性红细胞、高色素红细胞和多染性红细胞等。结构异常包括网织红细胞、嗜碱性点彩红细胞和卡波环红细胞等。下面我们一起来了解一下这些异常。

【PPT16】左图中小的红细胞特别多，中央淡染区扩大，甚至只剩一小圈红色，通常见于缺铁性贫血，也见于肝脏疾病。中图中大的红细胞增多，且中央区苍白，见于营养不良性贫血和马传染性贫血。右图中红细胞有的大、有的小，称为红细胞大小不均，见于再生性贫血。正常牛红细胞可有轻到中等程度大小不均的现象；反刍动物有明显的红细胞大小不均，是再生性贫血的表现。

【PPT17】左图中红细胞扁而薄，血红蛋白含量减少，染色时血红蛋白多分布于细胞边缘和中心部分，形成射击用的靶子，见于肝脏疾病和再生性贫血。

右图中红细胞缗钱状排列，多发于骨髓瘤、γ-球蛋白增多症、高纤维蛋白血症、多发性骨髓瘤。当血浆中的某些蛋白，尤其是纤维蛋白原和球蛋白增高时，可使红细胞正负电荷发生改变，致使其互相连结成缗钱状，故而得名。

【PPT18】左图中红细胞常呈不规则三角形，为红细胞与血管内纤维蛋白凝块碰撞破裂形成的碎片，见于弥漫性血管内凝血、心丝虫病，有时见于肝、脾血管内纤维蛋白沉着性疾病。右图中红细胞是典型的球形红细胞，是由于部分红细胞膜发硬，不能维持圆盘状所致。仅在犬易于发现，常见于自体免疫性和同种免疫性溶血及输血后，偶见于海恩茨小体性贫血。

【PPT19】左图中红细胞中央苍白区呈扁平裂隙状，类似鱼口，称为口形红细胞，见于阿拉斯加犬和爱斯基摩犬遗传性口形红细胞增多症、弥散性血管内凝血和某些肝病。右图是红细胞膜的异常，表面上有不规则的钝性凸起，称为棘形红细胞，见于血管肉瘤和脂质代谢紊乱。在正常牛也可以见到棘形红细胞。

【PPT20】图中红细胞呈长椭圆形，甚至呈长柱状，两端钝圆，称为椭圆形红细胞，此为红细胞膜蛋白有某种缺陷所致。见于巨幼红细胞贫血及恶性贫血。

【PPT21】左图中整个细胞染色淡而中心苍白区扩大，有的仅周边发红，表明血红蛋白过少，称为低色素红细胞，常见于缺铁性贫血。右图中细胞染色加深而中心苍白区消失，称为高色素红细胞，见于球形红细胞增多症。

【PPT22】左图中红细胞的细胞质中残存核糖体、核糖核酸等嗜碱性物质，经煌焦油或新甲基蓝染色，显示浅蓝或深蓝色网状结构，故名网织红细胞；网织红细胞是晚幼红细胞与成熟红细胞之间的过渡型细胞。右图中红细胞内有紫色的细环状物，有时呈"8"字形，可能是核膜的残余。也有人认为可能是纺锤体的残余物或是细胞质中的脂蛋白变性所致。在溶血性贫血或铅中毒时可见到。

【PPT23】左图中红细胞为完全成熟，细胞质和核发育不一致，核已消失，而细胞质中仍残留有DNA，染色时细胞质呈淡灰蓝色，称多染性红细胞。右图中红细胞内含有嗜碱性的蓝黑色大小不一的颗粒，一般认为是红细胞膜受到毒素作用，细胞质中的核糖体发生聚集变性后着色所致，称为嗜碱性点彩红细胞。牛和绵羊再生性贫血时可以见到，还可见于铅中毒。

【PPT24】红细胞检查要掌握以下内容：第一，需要知道生成红细胞的主要营养物质以及它们在生成过程中的作用；第二，掌握红细胞的绝对性增多和相对性增多；第三，掌握贫血的种类及其临床意义；第四，掌握红细胞指数及依据其分类的贫血类型；第五，了解红细胞压积、血沉和红细胞形态学检查。红细胞直方图本讲未曾涉及，有兴趣的同学可关注"塔大兽医"微信公众号，查阅

《血液直方图》这篇原创文章。

  本讲寄语是:"精神丰富不惧孤寂,思想浅薄难耐寂寞。"精神食粮充足,孤寂不再是问题。中华经典、国外名著都是我们的精神食粮。闲时阅读、参悟,不会再有寂寞时光。而思想浅薄者难以独处,时时需要借助集体活动来麻醉自己,如喝酒、赌博、唱歌等。工作之余,修炼内心世界,提高自身修养,就是最好的休闲。

第13讲 白细胞检查

【PPT1】白细胞的主要生理功能是参与机体防御，因此白细胞检查可反映机体的防御状态。在生理状态下，白细胞总数及各类白细胞的比例都是相对恒定的；在病理状态下，各类白细胞数量及比例就会发生变化。

【PPT2】临床上常用的方法有白细胞计数和白细胞分类计数。但是，自从血液分析仪发明推广以来，这两种计数方法以及红细胞计数和血小板计数等均能一次性检测出来，临床上称为血常规检查。白细胞检查对于判断疾病性质及预后有着重要的临床意义。

【PPT3】本讲主要介绍四个方面的内容：一、白细胞的功能；二、白细胞计数；三、白细胞分类计数；四、血小板计数。

【PPT4】白细胞的主要功能是参与机体防御，但是不同种类的白细胞其功能并不相同。中性粒细胞主要负责吞噬外来的微生物和异物；嗜碱性粒细胞主要参与过敏反应；嗜酸性粒细胞主要限制过敏反应，参与对蠕虫的免疫；单核细胞主要吞噬异物；淋巴细胞主要参与机体的特异性免疫。如图所示，不同的白细胞其形态也存在着明显的不同，在显微镜下很容易辨识。

【PPT5】白细胞计数指的是白细胞总数计数，即包含了中性粒细胞、嗜碱性粒细胞、嗜酸性粒细胞、单核细胞和淋巴细胞等所有白细胞的数量，单位为$10^{12}/L$。白细胞增多见于三类疾病，一是细菌性疾病，如炭疽、马腺疫、巴氏杆菌病和猪丹毒等。二是炎症，如纤维素性肺炎、小叶性肺炎、腹膜炎、肾炎、乳房炎和蜂窝织炎等。三是重症，如白血病、恶性肿瘤和酸中毒等。左图是患结膜炎的猫，炎症会导致白细胞总数升高。中图是腹膜炎患畜的剖检照片，腹腔充满了纤维素性渗出物，许多脏器粘连到了一起，如此严重的腹膜炎，白细胞计数一定会远远高于正常值。右图是患急性胰腺炎的犬，表现出腹痛的症状；其右前肢缠着胶带，应当是建立的静脉通道，即埋置了留置针。

【PPT6】白细胞减少主要见于三类疾病：一是病毒性传染病，见于猪瘟、马传染性贫血、流行性感冒、鸡新城疫和鸭瘟等。左图是患有猪瘟的猪，皮肤有点状出血，耳朵发绀。二是濒死期，见于各种疾病的濒死期和再生障碍性贫血。中图是杯状病毒感染的猫，病毒性疾病通常会出现白细胞减少。三是某些药物，见于磺胺类药物、青霉素、链霉素、氯霉素、氨基比林和水杨酸等药物的长期使用。在临床上，在使用能够使粒细胞减少的药物时，一定要定时监测白细胞的数量，以免导致严重后果。

【PPT7】在疾病初期，如果是感染性疾病，通常认为白细胞增多是细菌性疾病，而白细胞减少是病毒性疾病。实际上不尽然，需要通过多种检查进行综合诊断。在众多的检查方法中，白细胞分类计数就是一种更加准确的诊断方法。首先来看中性粒细胞，增多见于感染性疾病、一般炎症性疾病、中毒性疾病、注射异种蛋白和外科手术等；减少见于传染病、严重的败血症和化脓症、中毒性疾病、某些物理因素和化学因素。左图是为犬注射异种蛋白，右图是猫的后躯严重损伤，前者导致中性粒细胞增高，后者导致中性粒细胞减少。

【PPT8】中性粒细胞计数不仅要看数量变化，还要看核象的变化。外周血中未成熟的中性粒细胞增多，即幼年核和杆状核中性粒细胞的比例升高，称为核左移。而外周血中分叶核中性粒细胞大量增加，核的分叶数目增多，且以4~5叶为主，称为核右移。核左移和核右移是兽医临床上重要的概念，千万不能肤浅地理解为细胞核向左或向右移动。核的左移和右移是指核象的变化，绝对不是核在细胞质内的浮动。左图中箭头所示的是杆状核，右图中的三个白细胞均为分叶核。

【PPT9】中性粒细胞的核象变化是指其细胞核的分叶状态，它反映白细胞的成熟程度。正常时，外周血中性粒细胞以2~3叶居多，同时可以看到少量杆状核中性粒细胞。中性粒细胞分叶越多，越成熟。如图所示，未成熟的中性粒细胞包括原粒、早幼粒、中幼粒和晚幼粒，然后过渡到杆状核，而且上述细胞占有相当比例时为核左移。接着，细胞核分为2叶、3叶，2~3叶中性粒细胞占主体地位，是中性粒细胞的正常状态。待到分化为4叶和5叶后，而且占有相当比例，就称为核右移。核象变化可反映某些疾病的病情和预后。核左移提示中性粒细胞属于幼年期或青少年期，正如梁启超所说："少年强则中国强"，所以这是一种好现象，提示预后良好。如果分叶核占有统治地位，说明中性粒细胞已经严重老龄化，将出现青黄不接的断层现象，所以多半预后不良。

【PPT10】核左移虽然昭示着年轻人的天下，是一种有希望的核象，但是还要考虑白细胞总数的变化。假如白细胞很多，这时中性粒细胞的年轻化是有利的；假如白细胞总数已经很少，中性粒细胞还是年轻化，这就不是什么好现象了，就像失去父母亲人的孤儿，被欺负、被消灭可能就是它们的最终归宿。因此，核左移提示预后良好还是预后不良，还取决于白细胞总数的变化。核左移伴随有白细胞总数升高，称为再生性核左移，表明骨髓造血机能加强，机体处于积极防御阶段。核左移伴随有白细胞总数减少，称为退行性核左移，表明骨髓造血机能减弱，机体的抗病力降低。

【PPT11】核右移是由于缺乏造血物质使脱氧核糖核酸合成障碍所致。在疾病期出现核右移，则反映病情危重或机体高度衰弱，预后往往不良，见于重度贫血、重度感染和应用抗代谢药物治疗后。左图是分叶核中性粒细胞和中毒性中性粒细胞。右图是病毒入侵肺脏的模式图，属于重度感染，临床上出现核右移。中性粒细胞核象的检查，需要制作血涂片，在显微镜下进行人工观察。其实，血液分析仪一切异常的结果，都需要通过血涂片加以确认，只有将血常规检查和血涂片有机结合起来，才能获得最为准确的诊断结果。

【PPT12】嗜酸性粒细胞的功能是限制免疫反应和参与对蠕虫的免疫。因此，嗜酸性粒细胞数量的变化必然与过敏和寄生虫病有关。嗜酸性粒细胞增多见于肝片吸虫病、球虫病、旋毛虫病、丝虫病等寄生虫感染，以及荨麻疹等各种过敏。左图是患有肝片吸虫羊的肝脏，整个肝脏布满了白色结节。出现这种病变时，羊的嗜酸性粒细胞必然升高。中图是寄生于肌肉组织中的旋毛虫。右图是犬的过敏反应，整个头部和下颌均呈水肿状态。嗜酸性粒细胞减少见于感染性疾病和发热性疾病的初期、尿毒症、毒血症、严重创伤、中毒和过劳等。

【PPT13】嗜碱性粒细胞增多见于慢性溶血、慢性恶丝虫病和高血脂等。图中所示，均为犬恶丝虫病。左图是剖检图片，心脏内充满粉丝状的虫体。中图是恶丝虫病患犬咳嗽的图片。右图是恶丝虫患犬的胸片，其中2显示右前叶动脉末梢部的截断像，怀疑是心丝虫病死亡虫体或血栓引起的栓塞。犬恶丝虫病由蚊子传播，用伊维菌素或多拉菌素等药物可有效预防。但上述药物不能用于治疗，因为药效显著，虫体会直接死在心脏内，随血流进入血管，造成血管栓塞。由于嗜碱性粒细胞在外周血液中很少见到，故减少的临床意义不大。

【PPT14】淋巴细胞增多见于感染性疾病，如结核、鼻疽、布鲁氏菌病、猪瘟等病毒性疾病及血液原虫病，也见于急性传染的恢复期和淋巴性白血病等。左图是患布鲁氏菌病的羊，睾丸和阴囊高度肿胀。中图是猪瘟时的肾脏，表面充满了细小的出血点，称为"麻雀肾"。淋巴细胞减少见于炭疽、巴氏杆菌病、急性胃肠炎、化脓性胸膜炎等，还见于淋巴组织受到破坏以及使用肾上腺皮质激素等药物。右图是炭疽杆菌的镜下形态，呈竹节状。白细胞分类计数中，所占比例最大的是中性粒细胞和淋巴细胞，因此当中性粒细胞比例增大时，淋巴细胞的比例就减少；当淋巴细胞的比例增大时，中性粒细胞的比例就减少。

【PPT15】单核细胞起吞噬作用，增多见于慢性感染性疾病，如结核、布鲁氏菌病和大多数伴有肉芽肿的疾病，原虫病和使用糖皮质激素类药物等。图中是猫的嗜酸性肉芽肿病，分布在下颌和舌根部。单核细胞减少见于急性传染病的初期及各种疾病的垂危期。

【PPT16】血小板是从骨髓成熟的巨核细胞胞浆脱落下来的小块胞质，起凝血作用。临床上，血小板增多见于外伤，如慢性出血、骨折、创伤和手术后；也见于肿瘤与炎症，如淋巴瘤、黑色素瘤、肥大细胞瘤、腺瘤、胰腺炎和肝炎等；还见于使用某些药物后，如糖皮质激素和抗肿瘤药物等。左图是黑粪，是胃肠道出血动物的粪便。黑粪症昭示的是一种慢性出血。中图是犬的黑色素瘤，位于趾部，可导致血小板增多。右图是2015年抗肿瘤药物市场份额分布图，大量抗肿瘤药物的使用，必然引起血小板增多。

【PPT17】血小板减少有以下原因：第一，血小板生成异常，见于免疫性或传染性病因诱发的单纯巨核细胞再生不良，或药物、传染性及中毒性因素诱导的骨髓泛细胞性再生不良。第二，血小板清除加快，见于全身性自身免疫性疾病、原虫感染和弥漫性血管内凝血。第三，血小板分布异常，见于脾机能亢进和内毒素血症，也可见于某些真菌毒素中毒、某些蕨类植物中毒、放射病和白血病等。左图是犬脾脏肿大的X线片，可见前腹部有一球状肿物，最可能的诊断是脾脏肿瘤。脾脏肿瘤发生时，脾机能会亢进，从而导致血小板分布异常。中图是20世纪80年代一部著名电视剧——《血疑》的剧照。图中的女孩叫幸子，在一次事故中被^{60}Co辐射，得了白血病，造血系统受到损伤，不仅红细胞、白细胞不能正常生成，而且血小板也不能生成。因此，生活中一旦受伤，就无法止血。幸子需要经常换血才能生存，血小板的减少会导致血液凝固不良，从而使各脏器出血。右图中猫的口腔黏膜有出血点，也是血小板减少所致。

【PPT18】白细胞检查中，有一些重要概念需要我们掌握，如核左移、核右移、再生性核左移、退行性核左移等。另外，我们要弄清楚白细胞总数增多、减少的临床意义，以及各类白细胞增多与减少的临床意义。白细胞直方图与血小板直方图的判读没有介绍，感兴趣的同学可查阅相关资料，自行学习。

本讲寄语是："欲无可替代，需与众不同。"现在的模仿秀已经达到了空前的高度，但不管如何惟妙惟肖，终为别人的影子，始终难以自成一家。独特的声音、独特的气质、独特的行为、独特的思路，都是自成一家的途径。当独特性被广泛认可、再难复制时，无可替代性就会凸显。与众不同是区别于他人的特性，而不是刻意标新立异的炫耀。模仿是为了学习，等到学会之后就要建立自己独特的风格。否则，水平再高也不能臻于一流，永远是某人第二。与众不同的本领、气质、胸怀一旦形成，纵然有更高水平的竞争者出现，也不能取代你在众人心中的位置。

第14讲 呼吸运动的检查

【PPT1】心血管系统是一个封闭的系统，但呼吸系统却是一个半开放的系统，气体在吸与呼中进出。开放是好事儿，容易吸到新鲜空气，但也成为很多致病因素乘机入侵的通道。据统计，呼吸系统疾病发病率稳居第二位，排在第一位的是消化系统。消化系统是完全开放的，从口腔到肛门，一路畅通。鉴于呼吸系统疾病千年老二的不朽地位，因此呼吸系统的检查在临床上处于重要地位。

【PPT2】呼吸系统疾病首先反映在呼吸运动上，如呼吸类型、呼吸节律和呼吸对称性的改变，以及呼吸困难的出现等。呼吸分为"呼"和"吸"两个过程，吸入氧气，排出二氧化碳，循环往复。呼与吸任何一个过程出现差错，都会影响到呼吸运动的正常进行。

【PPT3】本讲主要介绍五个方面的内容：一、呼吸系统检查概述；二、呼吸类型检查；三、呼吸节律检查；四、呼吸困难检查；五、呼吸对称性检查。其中以呼吸节律检查和混合性呼吸困难检查最为重要。

【PPT4】呼吸系统由鼻、咽、喉、气管、支气管、肺、胸膜腔、膈肌等一系列器官组成。呼吸过程包括三个互相联系的环节：外呼吸，包括肺通气和肺换气；气体在血液中的运输；内呼吸，指组织细胞与血液间的气体交换。任何一个环节出现问题，都会导致呼吸方式的改变。呼吸系统与外界相通，物理因素、化学因素和生物因素均可引发疾病。呼吸系统除了容易受到直接攻击外，还容易被其他系统疾病所波及。中国有句成语叫"城门失火，殃及池鱼"，呼吸系统就是机体中的池鱼。20世纪90年代有首流行歌曲叫《为什么受伤的总是我》，在人的身体中，最容易受伤的、最冤屈的就是肺。别的暂且不说，不管什么部位、什么组织、什么器官发生的肿瘤，最终都能转移到肺，这是为什么？请大家下去查查资料，弄明白肺容易受伤的原因。学完《兽医寄生虫学》和《兽医传染病学》，你就会更加明白，很多寄生虫病和传染病都能波及呼吸系统。

【PPT5】呼吸系统有很多检查方法，先来看基本检查方法。临床六大基本检查法，问诊、视诊、触诊、叩诊、听诊和嗅诊，都能用于呼吸系统检查。就连临床上应用范围最窄的嗅诊，在呼吸系统检查中也能发挥重要作用，因为气体进去可能无味，出来却大多有味儿。叩诊最大的价值体现在肺部检查上，可确定病变区域及其性质。为什么叩诊在肺部检查中如此重要？因为肺部是健康动物"唯我独清"的净区，一旦有任何病变出现，其清音或清音区必然改变。听诊在呼吸系统检查中也能够充分发挥它的作用，可精确查明各种病理呼吸音，从而判断疾病的性质。视诊观察呼吸类型、呼吸节律、呼吸困难和呼吸的对称性。触诊可触及鼻、咽、喉和颈部气管。问诊可了解病史。六大基本诊断法全部能发挥到最大功效，这是呼吸系统检查最重要的特征。图中的犬张口伸颈，呼吸非常困难，经 X 线检查确诊为气管塌陷。因此说，呼吸系统检查不仅能够充分利用基本检查法的功用，还能充分体现特殊检查的价值。

【PPT6】X 线检查对肺和胸膜疾病的诊断最为重要。图中是犬胸部气管塌陷。气管塌陷分颈部气管塌陷和胸部气管塌陷，但发生的时机不一样，掌握发生的时机对于 X 线检查有重要指导作用。"颈部吸气时，胸部呼气处"，意思是颈部气管塌陷时，要在吸气时拍摄；而胸部气管塌陷要在呼气时拍摄，否则容易漏诊。当发生胸腔疾病时，胸腔穿刺液的检查对判断胸水的性质有重要意义。鼻液、喷嚏、咳嗽的检查对判断呼吸系统疾病有着重要的指导作用。呼吸类型、呼吸频率、呼吸节律、呼吸困难和呼吸的对称性检查，应作为呼吸系统检查的首要内容。血常规检查可为进一步检查提供参考，病原微生物培养能够提供更为确切的诊断。

【PPT7】除了普通 X 线检查外，CT 检查能够提供更精确的诊断。我们知道，新冠肺炎已经席卷全球，核酸检测固然是最重要的确诊方法，但 CT 检查也不容忽视。在武汉新冠疫情最为严重的时候，核酸检测力不从心，CT 检查被推了出来，力挽狂澜。左图是健康肺的 CT 影像，右图是新冠肺炎感染者肺的 CT 影像，可以清楚地看到支气管炎和肺泡的病变。CT 设备已经不是人医的专用设备了，很多兽医也开始使用。在一二线城市，大型的宠物医院都配备了 CT 设备。所以，影像学检查，在今后的若干年内必然掀起巨大的浪潮，因为我国已经开始了第一个兽医专科认证——兽医影像师。

【PPT8】在新冠肺炎日趋严重的时候，湖北省成立了新型肺炎应急科研攻关研究专家组，由 13 位专家组成，华中农业大学的陈焕春院士作为顾问，金梅林教授作为专家组成员参与了新冠肺炎防制研究。这充分说明，在公共卫生安全领域，兽医不能置身事外，也不可能置身事外。医学体系本来就应该是人医和兽医的合体，缺一不足以成为一个完善的体系。

【PPT9】呼吸类型是指动物呼吸的方式，检查时应注意胸廓和腹壁起伏动作的协调性和强度。呼吸类型有三种：胸式呼吸、腹式呼吸和胸腹式呼吸。胸腹式呼吸是健康动物的呼吸方式，胸壁和腹壁的起伏动作协调，强度也大致相等。犬健康时，以胸式呼吸为主，这一点需要大家注意。通常情况下，胸式呼吸和腹式呼吸均属于病理性呼吸方式。当发生引起腹肌和膈肌运动障碍的疾病，如瘤胃臌气、急性胃扩张、腹腔积液等，动物以胸式呼吸为主，即呼吸时胸部和胸廓活动占优势。如果胸部发生病变，如胸膜炎、胸腔积液和胸壁损伤等，则动物以腹式呼吸为主，即呼吸时腹壁的起伏动作特别明显，而胸部不明显。图中的猪呈犬坐姿势，这是胸膜肺炎等疾病引起高度呼吸困难时的典型表现。犬坐是一种比喻，而不是指狗坐在那里。记得初中学蒲松林的《狼》时，有这样的句子："少时，一狼径去，其一犬坐于前。"那时不理解犬坐的含义，以为是在变魔术，刚走了一匹狼，却变出了一只狗。实际上是两匹狼，一匹走了，另一匹像狗一样的坐在那里。犬坐是狗的正常姿势，若换成猪、马、牛，可能就是呼吸困难了。总的来说，除犬外，健康动物的呼吸方式为胸腹式呼吸，若腹腔发生疾病则以胸式呼吸为主，若胸腔发生疾病则以腹式呼吸为主。

【PPT10】呼吸检查不仅要检查频率，还要关注节律，节律的变化有更大的诊断意义。那么什么是呼吸节律？我们知道，吸气之后是呼气，稍有间歇之后，开始第二次呼吸，呼吸之间的间隔大致相等，周而复始，这个过程就称为呼吸节律。健康动物呼气与吸气所用的时间比例是相对恒定的。通常情况下，健康动物吸气用的时间长，还是呼气用的时间长？我们都知道，胸腔内是负压，因此吸气是主动的，而呼气是被动的。主动较易，被动稍难，由此可以断定，吸气所用时间短，而呼气所用时间长。健康状态下，动物吸气与呼气的比值是恒定的，牛1∶1.2，绵羊1∶1，山羊1∶2.7，马1∶1.8，猪1∶1，犬1∶1.64。若比值改变，就是呼吸节律异常。呼吸时，需要呼吸肌的参与，吸气肌包括肋间外肌和膈肌，呼气肌包括肋间内肌和腹壁肌。因此，肋间外肌和膈肌受到损伤，则吸气延长；肋间内肌和腹壁肌受损，则呼气延长。病理情况下，呼吸节律遭到破坏，称为节律异常。

【PPT11】节律异常首先表现为吸气延长。吸气延长是指吸气费力，时间明显延长，是由上呼吸道狭窄，气流进入肺部不畅引起的，见于气管炎、鼻炎和鼻腔肿瘤等。上呼吸道是指鼻、咽、喉和气管，任何原因导致的狭窄均引起吸气延长。上呼吸道狭窄后，气体进出均不畅通，但以进入更为困难，所以主要表现为吸气延长。上呼吸道发生炎症时，由于黏膜肿胀、分泌物增多，导致管腔狭窄，引起吸气延长。左图为气管塌陷，塌陷是气管狭窄的一种。塌陷的气管会呈明显的上呼吸道狭窄，因此引起吸气延长。中图的猫患有鼻炎，因鼻黏膜肿胀和鼻液增多而导致鼻腔狭窄。鼻腔狭窄属于上呼吸道狭窄的一种，因此可以引起吸气延长。右图的犬患有鼻腔肿瘤，肿瘤属于占位性病变，阻挡了鼻腔的通道，引起鼻腔狭窄。

【PPT12】呼气延长临床上表现为呼气费力、时间延长，是支气管管腔狭窄或肺泡弹力不足造成的，见于慢性支气管炎及各种类型的肺炎。左图的牛，张口呼气，呼吸音如拉风箱，里许可闻。该牛因黑斑病甘薯中毒而引发了严重的肺气肿。肺气肿时肺泡内充满了气体，因膨胀而失去了弹性，所以气体排出极其困难，出现了呼气延长。中图中的胸片，是肿瘤细胞转移到肺脏的典型征象，肺泡被肿瘤侵蚀，弹性下降，从而出现呼气困难。右图的犬发生了严重的支气管炎肺炎，支气管腔严重狭窄，导致呼气异常困难，最后不得不放到氧气箱中吸氧保命。

【PPT13】间断性呼吸是指呼吸时多次出现短促的吸气或呼气动作，其原因是某种因素先导致了呼吸抑制，之后又进行大口喘气以图补偿，见于细支气管炎、慢性肺气肿、胸膜炎和伴有疼痛的胸腹部疾病。左图X线片显示的是胸膜炎征象，胸腔内不透明度增加，器官之间的分界消失。胸膜炎会导致胸部疼痛，而疼痛会导致呼吸抑制，因此表现为间断性呼吸。中图是雏鸡的间断性呼吸，正张开血盆大口进行气体补充。右图是牛肋骨骨折，肋骨骨折属于伴有疼痛的胸腹部疾病，动物会因疼痛出现呼吸抑制，又会因呼吸抑制而导致间断性呼吸。

【PPT14】陈施二氏呼吸也称为潮式呼吸，因为这种呼吸特征与潮水的涨落十分相似。呼吸由浅逐渐加强、加深、加快，高峰后又逐渐变弱、变浅、变慢。有一副趣联的上联是这样写的："海水朝（潮）朝朝朝（潮）朝朝（潮）朝落"，因"朝"有两个读音，因此一字释两意。朝潮朝落，反映的就是陈施二氏呼吸的特征。当然下联对的也妙："浮云长长（常）长（常）长长（常）长长（常）消"，通篇一个"长"字，但因有两种读音，却生出了无穷变化。兽医是有文化的，即便在专业学习中也要有吟诗作对的文雅，而不是一味地去劁猪、骟蛋、掏牛屁股。用中华文化中最精深的诗词、对联去总结专业知识，才见兽医的高雅情趣。陈施二氏呼吸见于脑炎、脑膜炎、大失血、心力衰竭及某些中毒如尿毒症和有毒植物中毒。左图是陈施二氏呼吸的曲线图，可以明确看出潮涨潮落的特征，右图是尿毒症晚期的犬，可出现陈施二氏呼吸。

【PPT15】毕欧特氏呼吸也称为间停式呼吸，其特征是深度大致相等的连续呼吸与呼吸暂停交替。除猪、羊外，大部分动物的吸气与呼气时间不同，现在却吸气与呼气时间相同而且存在间停，说明呼吸节律已经发生了改变。当各种脑膜炎、中毒性疾病及濒死期导致呼吸中枢敏感性极度降低时，就会出现毕欧特氏呼吸。左图的犬，躺卧不起，意识全无，已处于濒死期。而濒死期的动物就可能出现如右图所示的呼吸类型，深度大致相等的连续呼吸与呼吸暂停交替，这种呼吸方式就是毕欧特氏呼吸。

【PPT16】库斯茂尔氏呼吸也称为深大呼吸，即深而慢的无间断呼吸，是呼吸中枢衰竭晚期的一种呼吸节律。出现这种呼吸方式，动物基本上无法救治了。多见于颅内压升高性疾病、尿毒症和重症酸中毒。颅内压升高性疾病有哪些？大家可以自己回忆一下。如果回忆不起来就使劲儿回忆，但千万不要回忆得颅内压升高。左图是库斯茂尔氏呼吸的曲线，深、慢、无间断。右图是瘤胃酸中毒的牛，因严重的代谢性酸中毒已经一只脚跨进了鬼门关，正在做最后的深呼吸。

【PPT17】实际上，呼吸节律的改变就是呼吸困难的表现形式，但不够全面。呼吸困难时动物表现呼吸次数改变、呼吸深度加强、呼吸类型和呼吸节律发生变化，其中高度呼吸困难又称为气喘或喘气。呼吸困难可分为三种：吸气性呼吸困难、呼气性呼吸困难和混合性呼吸困难。吸气性呼吸困难表现为鼻孔开张、头颈伸直、四肢宽踏、胸廓开张和肋骨下陷。用一副对联总结就是："四肢宽踏肋骨陷，鼻孔开张头颈伸。"呼气性呼吸困难表现为脊背弯曲、肷窝变平、肛门突出、严重的呼吸困难可沿肋弓出现喘线。也可以用一副对联总结："脊弯肷平肛门突，两侧肋弓喘线出。"混合性呼吸困难既表现为吸气困难，又表现为呼气困难，且伴有呼吸增数。理论上可以分为吸气性和呼气性呼吸困难，但实际临床上多数呼吸困难均为混合性。

【PPT18】左图牛患有严重的肺气肿，胸廓增大呈桶状，主要表现为呼气性呼吸困难。右图犬张口伸颈，主要表现为吸气性呼吸困难。

【PPT19】混合性呼吸困难的病因复杂，除了呼吸器官本身的因素外，还有诸多因素可以导致呼吸困难。要想全面了解影响因素，就要先回顾一下外呼吸、气体运输和内呼吸的过程。呼吸为什么困难？其实质是氧气吸入、运输或交换的不足。有六大因素，可以导致呼吸困难。第一个因素是肺源性，见于各型肺炎、胸膜肺炎和肺水肿等。肺泡是气体交换的场所，一旦发生炎症，肺泡内分泌物就会增多，气体赖以交换的面积就会大大缩水，因此会出现混合性呼吸困难。氧气在肺泡内进入血液而加入了循环，二氧化碳进入肺泡而排出体外。氧气的运输依赖血液的循环，因此血液一旦出现问题，运输氧气的能力就会下降，从而导致混合性呼吸困难。第二个因素是血源性，见于各种贫血。血液循环的动力来自于心脏，心脏一旦衰弱无力，血液循环则力不从心，氧气运输自然不能满足机体需要，从而导致混合性呼吸困难。第三个因素是心源性，见于心内膜炎、心肌炎、创伤性心包炎和心力衰竭等。很多中毒病可通过多种途径影响外呼吸、气体运输和内呼气。第四个因素是中毒性，见于尿毒症、酮病、严重胃肠炎和高热性疾病等。呼吸受神经调节，尤其受大脑皮层、间脑、脑桥、延髓和脊髓等呼吸中枢控制，呼吸中枢和一些外周神经受损，就会导致混合性呼吸困难。第五个因素是神经性和中枢性，见于脑膜炎、脑肿瘤、疼痛性疾病和破伤风等。肋间内肌、肋间外肌、膈肌和腹壁肌，这些肌肉均参与呼吸运动，一旦受到损伤或压迫就会影响呼吸运动，出现混合性呼吸困难。第六个因素是腹压增高性，见于急性胃扩张、急性瘤胃臌气、肠变位和子宫蓄脓等。由此可见，其余系统疾病也可引发呼吸困难，所以在临床检查时要多方面考虑，不能仅局限于呼吸器官本身。曾经有一只幼犬病例，根据主诉幼犬主要症状是咳嗽和呼吸困难，临床视诊也与此吻合。按照常识，咳嗽与呼吸困难是呼吸系统的症状，应该针对呼吸系统进行诊断和治疗才对。但我总感觉不像是呼吸系统疾病。触诊其腹部，发现胃很胀；又做了进一步问诊，觉得是畜主给狗喂得太多了，纯属吃饱了撑的。为了证实我的判断，进行了X线检查，结果发现胃严重扩张，胃内充满食物。于是，我们给狗灌服了双氧水。灌下去后只听"哇"的一声，未消化的狗粮从口中喷涌而出，又呕吐了一会儿才停歇。呕吐后，腹部缩小，呼吸也趋于正常。这个病例充分说明了一个问题：混合性呼吸困难由多种原因造成，诊断时，我们不能只在呼吸器官这一棵树上吊死，要多换几棵树试试。

【PPT20】健康动物呼吸时，两侧胸壁起伏相等、强度完全一致。当不一致时，可能存在某种疾病，见于一侧胸膜炎、胸腔积液和肋骨骨折等。观察呼吸的对称性时，检查者应站于动物后方或后方高处视诊。左图是猫单侧气胸的X线片，可见左侧胸腔肺野纹理消失，透光度增加，而且可以看到气管明显右移。X线正位片多是仰卧拍摄，专业上叫腹背位或VD位。片子的左侧是动物的右侧，片子的右侧是动物的左侧。换句话说，左侧还是右侧不是以检查而定的，而是以动物为准的。右图是犬单侧肺叶的扭转。肺叶扭转，通气和血液供应都受到影响，加之只发生于一侧，所以出现呼吸的不对称性。

【PPT21】呼吸运动的检查，首先要了解动物的呼吸方式，以及出现异常呼吸方式的临床意义。其次要弄清异常呼吸节律的原因、特征和临床意义。再者要掌握混合性呼吸困难的原因及临床意义。最后要了解吸气性呼吸困难和呼气性呼吸困难的临床表现，以及呼吸对称性检查的临床意义。

本讲寄语是："志如高山，分毫难移；心似止水，宠辱不惊。"志向一立，当如高山，坚如磐石，岿然不动。心境一平，当如止水，清明如镜，波澜不惊。

志向远大与否，无关紧要，重要的是为实现志向能够付出多大的努力。志向不动，努力不止，志向永远是追求的丰碑。追求志向的过程中，保持内心不起较大的波澜，是保证成功的重要条件。心似止水，不是死水，内心的深处常常暗潮涌动，因此需要在大风大浪前和大是大非前依然能够把持得住。心无旁骛，志不偏移，任何切实可行的目标都能实现。

第15讲 鼻液、呼出气体和咳嗽的检查

【PPT1】鼻液、呼出气体和咳嗽的检查在一定程度上对呼吸系统检查具有导向性，在某些时候能够确定疾病的部位、程度和性质。

【PPT2】鼻液有颜色和性状，可以用视诊；呼出气体有气味，可以用嗅诊；咳嗽有声音，可以用听诊。三项检查内容对应三种主要检查方法，能够充分调动检查者的视觉、嗅觉和听觉。鼻液、呼出气体和咳嗽均来自于呼吸系统，因此三者的检查对呼吸系统疾病的部位、程度和性质的判断具有重要意义。

【PPT3】本讲主要介绍三个方面的内容：一、鼻液的检查；二、呼出气体的检查；三、咳嗽的检查。其中，鼻液的检查最为重要。

【PPT4】鼻液是呼吸道黏膜的分泌物，健康动物多无鼻液或有少量浆液性鼻液。当然，鼻液的有无受季节的影响较大，炎热季节常无，寒冷季节多有。马在天气寒冷、运动、兴奋之后有少量鼻液。牛正常时有少量浆液性或黏液性鼻液。鼻液增多，或有不同性质的鼻液，或有混合物均为病理情况。牛通常是有鼻液的，但勤快的牛，经常用它的长舌头舔舐，所以我们很少看到。其实，不同的动物处理鼻液的方式也不尽相同。我不知道有多少人养过动物，不同的动物是怎么处理它们的鼻液的？养过动物的同学回忆一下，没养过动物的同学查阅一下文献。这应该是一个有趣且有用的问题，期待着你们的答案。

【PPT5】健康动物没有鼻液或仅有少量鼻液，如果鼻液量增多，充满鼻孔或流过嘴际，那就是一种病理状态。根据鼻液量的多少，临床上分为量多、量少和量不定三种。先来看量多。量多是指有大量鼻液从鼻孔流出。这说明呼吸器官有广泛的炎症，致使鼻黏膜分泌物和渗出物增多，见于急性鼻炎、急性咽喉炎、肺脓肿破裂、肺坏疽及某些传染病等。左图的牛不仅鼻液增多，而且眼分泌物增多，提示呼吸器官和眼结合膜存在着广泛性的炎症。中间两幅图中的犬均流出脓性鼻液，这是犬瘟热患犬的典型症状。右图犊牛也有大量的鼻液，说

明呼吸器官有广泛性炎症。

【PPT6】如果鼻液量较少，且排除生理状态，提示动物患有慢性或局限性呼吸道炎症，见于慢性鼻炎、慢性支气管炎、慢性鼻疽和慢性结核等。左图的牛患有慢性结核，全身淋巴结肿大，且有少量鼻液。中图是支气管炎的 X 线片。支气管炎发生时支气管壁因炎性浸润，密度增加，在 X 线下不透射性增强，加之支气管中存在气体，X 线影像就会出现典型的"铁轨征"或"戒指征"。图中黄色箭头所指为铁轨征，红色箭头所指为戒指征。"铁轨征"与"戒指征"只是 X 线透射的方向不同，X 线与支气管炎垂直为"铁轨征"，平行为"戒指征"。右图是慢性鼻疽的症状表现，存在少量鼻液。

【PPT7】有一种特殊的鼻液量的变化叫量不定，临床特征可用两句话来形容："抬头不见低头见，静止不见运动见"。量不定是由呼吸系统特定部位发生炎症导致的，通常见于副鼻窦炎和马的喉囊炎。有一次我在外地，一名实习的学生给我打电话，说来了一只狗，鼻液一低头就沿鼻孔而下。我马上问道："是不是鼻液抬着头时没有，一低头就有；站着的时候没有，一走就有了？"学生说："是"。这不是我上课时给你们讲的量不定吗？其典型特征就是"抬头不见低头见，静止不见运动见"。副鼻窦炎，查查书给开药吧。这个病例说明以下几点：一、记住症状的特征极其重要；二、记住症状的临床意义也极其重要；三、只要准确诊断，治疗有时候并不难，翻翻书而已。左图是牛的副鼻窦叩诊，采用直接叩诊法，正常时呈过清音，若发生副鼻窦炎，内部渗出物增多，呈浊音。中图是人的副鼻窦解剖位置图，副鼻窦由四部分组成。右图是鼻窦炎发生时鼻液横飞的景象，有擦不完的鼻涕，用不完的纸。鼻液的量分为三种，量多、量少、量不定，量多是呼气器官发生广泛性炎症，量少是呼吸器官慢性炎症或局限性炎症，量不定仅见于副鼻窦炎和马的喉囊炎。"抬头不见低头见，静止不见运动见。"当年的民间俗语，如今成为一种重要的症状特征。

【PPT8】鼻液的量介绍完了，接下来再看一下鼻液的性状。浆液是琼浆玉液的简称，呈无色透明的状态。因此，浆液性鼻液的特征就是无色透明，稀薄如水。在生活中，我们称之为清鼻涕。这种症状在炎症初期出现，见于急性鼻卡他、马腺疫和流感等。左图的马患有马腺疫，检查者正采集鼻拭子，准备进行实验室检查。中图是卡通图片，鼻孔立下的鼻液正符合浆液性鼻液的特征。右图的猫患有流感，有少量浆液性鼻液。

【PPT9】黏液性鼻液呈蛋清样或粥样，有腥臭味，灰白色，因为鼻液中混有大量脱落的上皮细胞和白细胞，见于急性上呼吸道感染和支气管炎。黏液性鼻液有黏性，可以拉很长而不断。左图和中图，越过口腔而拉成细长的鼻液就是黏液性鼻液。右图的羊鼻腔中充满了羊鼻蝇蛆，看到就让人心生寒意。备这段课时，正值盛夏，但每看一眼还是感到阵阵寒意。鼻腔内有大量虫体寄生，必然刺激鼻腔黏膜，导致炎症，出现黏液性鼻液。

【PPT10】如果呼吸器官发生化脓性炎症，就会出现脓性鼻液。脓性鼻液黏稠、浑浊、呈糊状，或凝结成块状，具有脓臭或恶臭味，见于化脓性鼻炎、副鼻窦炎和肺脓肿破裂等。左、右图的马和中图的犬，均为脓性鼻液，说明呼吸器官存在化脓性炎症。脓性鼻液在颜色上多样，在形态上也是多种多样。

【PPT11】鼻液虽然很恶心，但也不能扫了我们吟诗作对的兴致，这就是兽医：花好月圆固能欣赏，残败污浊也能适应。工作环境多无诗境，但却始终不能缺少诗意。先总结一下浆液性鼻液和黏液性鼻液的特征："浆液无色形如水，黏液灰白状似粥。"一副对联将两种鼻液的特征剖析得清清楚楚、明明白白。再来看脓性鼻液，可以这样描述："颜色灰黄绿，形态糊膏聚。"意思是说脓性鼻液的颜色多样，有灰黄色的、有黄色的、有黄绿色的等；形态有糊状的、有膏状的、有凝集成块状的。

【PPT12】当呼吸器官发生坏疽性炎症时，鼻腔就会流出污秽不洁，呈灰色或暗褐色，且有恶臭味的腐败性鼻液，见于坏疽性鼻炎、腐败性支气管炎和肺坏疽等。左图是腐败杆菌的形态，中图是支气管异物，若不及时治疗，就可能发生腐败性炎症，最终导致腐败性鼻液。右图显示的是肺坏疽引发的肺空洞。腐败之人让我们有切齿之恨，腐败之病让我们有捂鼻之嫌。但是作为兽医，再恶心的病也要处理，只要动物的生命还在。

【PPT13】鼻液中混有血液成为血性鼻液，提示呼吸器官存在出血部位。但是出血部位该如何判断？大家可以先考虑一下。左图的牛鼻液中混有血液，该牛是我们用来做实验的牛，鼻孔处的血迹是徒手保定时指甲划伤的。兽医是不能留长指甲的，否则不是损伤动物，就是被动物损伤。定期剪短指甲，磨平指甲既是一种专业素养，也是一种道德修养。中图的猫鼻腔出血，可能是外伤所致。右图是肺出血的 X 线片，肺野不透明度增加。

【PPT14】鼻腔出血，无论是颜色，还是形态，都有很多种，这对判断出血部位有着重要的意义。铁锈色鼻液，见于大叶性肺炎的肝变期。果酱样鼻液，见于鼻腔肿瘤。脓血，见于肺脓肿、异物性肺炎等。鼻血伴有咳嗽和呼吸困难，见于肺血管破裂。鼻液鲜红欲滴，见于鼻出血。鼻液含血带泡，见于肺水肿、肺充血和肺出血。辨颜色，观形态，可以较为准确地判断出血部位。鼻液的性状有浆液性、黏液性、脓性、腐败性和血性，每一种都需要我们了解病因，掌握临床意义。

【PPT15】鼻液中有时有些混杂物，这时候就需要判断混杂物是从哪里来的。查明混杂物的来源，就有可能判断出准确的病因。鼻液中最常见的混杂物是气泡，是气管、支气管损伤后，气泡随着呼出的气流进入鼻腔。临床表现为鼻液有气泡，呈泡沫状，白色或因混有血液呈粉红色或红色，见于肺水肿、肺充血、肺气肿和慢性支气管炎等。左图为患有支气管炎的病犬，鼻液中含有气泡。中图的猫鼻孔吹出一个美丽的气泡，是气管损伤的结果。右图 X 线片中，肺野中有明显的空气支气管征，这是肺水肿的典型征象。肺泡内分泌物增多而密度变大，而支气管中依然是空气，二者对比度增大，凸显出了支气管，称为空气支气管征。

【PPT16】唾液是口腔的产物，鼻液中混有唾液，说明有东西从口腔里走了一圈，带走了口腔中的唾液，然后又进入了鼻腔。这种情况的发生通常是吞咽障碍导致的食物返流，见于咽炎、食道炎、食道痉挛和食道肿瘤等。左图的牛一边喝水，一边从鼻孔中流出，这就是一种典型的返流症状，是食管狭窄或阻塞的典型症状。食管狭窄或阻塞可以是食道炎、食道肿瘤、食道异物、食道痉挛，也可以是周围组织对食管的压迫。中图是持久性右主动脉弓的示意图，在胚胎发育过程中，左主动脉弓发育成了主动脉，右主动脉本来应该退化，结果没退化，而且死死地箍住了食道，造成食道阻塞。所以说，该我们担当的时候要当仁不让，该我们功成身退的时候，毫不犹豫，否则就会阻碍历史前进的车轮，迟早会被碾得稀碎。右图犬采用钡餐造影，清晰地显示出食道狭窄的部位，在狭窄部位之前，食道高度扩张。

【PPT17】呕吐物是胃内容物或十二指肠前段的内容物，如今进入了鼻腔，只能说明发生了呕吐。发生过剧烈呕吐的人，或者看到过剧烈呕吐的人，一定知道那种一把鼻涕一把泪的感觉。鼻液中混有呕吐物，见于食滞性胃扩张、幽门痉挛、十二指肠阻塞及小肠扭转等。混有的呕吐物中有细碎的食物残粒，呈酸性反应、气味难闻。左图是犬的呕吐，有可能呛入鼻腔。中图是胃内容物反流到食管的示意图。右图是猪的呕吐。犬、猫、猪是呕吐中枢十分发达的动物，偶尔呕吐属于正常现象，不必过于紧张。

【PPT18】健康动物，两侧鼻孔呼出的气流强度相等。在寒冷的冬季，最容易判断呼出气流的强度。鼻孔喷出的白气，如同喷气式飞机身后的白色印记，十分清晰。但在夏天或温暖的南方，就很难做出判断了。当天然不行时，人为就可以派上大用场。可将玻片放在冰箱里，待冷却后拿出来，贴近动物鼻孔（中图），就可以清楚地判断气流的强度了。两侧气流强度不等，见于一侧鼻腔狭窄、一侧副鼻窦肿胀或大量积脓。右图的犬，鼻甲骨上方明显肿胀，这种肿胀就可能造成鼻腔两侧呼出气流的强度不一样。

【PPT19】呼出气体的温度也是检查的内容。一般情况下，体温高，呼出气体的温度也高，见于发热性疾病。体温低，呼出气体的温度也低，见于严重的脑病、中毒和虚脱。

【PPT20】健康动物呼出的气体无特殊气味。腐败性气味见于肺坏疽和坏疽性支气管炎，脓性臭味见于肺组织和呼吸道的化脓性疾病，尿臭味见于尿毒症，烂苹果味（丙酮味）见于奶牛酮病，苦杏仁味见于氢氰酸中毒。图中是犬有机磷中毒的症状，流涎、瞳孔缩小，此时呼出的气体呈大蒜味。

【PPT21】咳嗽是机体的一种保护性反射动作，动物借助于咳嗽，可以清除外界侵入的异物，同时可将上呼吸道存留的分泌物排出体外。没有接触过临床的人，有时很难分清动物是干呕还是咳嗽。以前有位实习生给我打电话，说来了一只犬，老是吐。我们知道，顽固性呕吐可不是什么好事情，一般都是胃肠发生了阻塞。我赶紧过去看，却发现哪里是呕吐，分明是在咳嗽。呕吐有腹部强烈收缩的动作，咳嗽却没有。咳嗽可以检查咳嗽的性质、频度、强度和痛咳。图中的牛和犬正在咳嗽。

【PPT22】依据性质的不同，咳嗽可分为干咳和湿咳。因干咳呼吸道内无分泌物或仅有少量黏稠分泌物，所以声音清脆、干而短、伴有疼痛，见于喉和支气管干性异物、急性咽喉炎的初期、胸膜炎等。左图是人的干咳卡通图片，咳嗽声响，伴有疼痛。中图是患有恶丝虫病犬的咳嗽，也属于干咳。咳嗽是小问题，但背后可能隐藏着大问题，要及时弄清病因。我喂了几只金毛，每次吃狗粮就像疯了一样。一天，我正在撒狗粮，却发现其中的一只金毛咳嗽不止，呼吸困难，委顿在地。我赶紧倒提起来，拍打背部，但仍不见效。眼瞅着就要蹬腿了，于是我将手指伸入狗嘴，从喉咙里抠出了很多狗粮，然后又继续拍打背部。过了一会儿，狗缓了过来，放到地上，可以继续采食了。人与狗不同，但在很多事理上有相似之处。名利一来，你争我夺，结果是越心急的人，越什么也得不到，反而有被呛死、噎死的可能。

【PPT23】干咳中的"干"，是指呼吸道内没有分泌物或仅有少量黏稠分泌物。那么，湿咳中的"湿"就是指呼吸道内有多量的稀薄分泌物。湿咳临床上表现为声音钝浊，湿而长，见于咽喉炎、支气管炎、支气管肺炎、肺脓肿和肺坏疽等。咳嗽时声音嘶哑，感觉有痰，就是湿咳。呼吸道或肺部炎症，初期并无渗出物，以干咳为主，随着病情的发展，分泌物或渗出物增多，就会出现湿咳。干咳发生，治疗只需止咳；湿咳发生，治疗除了止咳，还需祛痰。

【PPT24】咳嗽是有频度的，有的咳嗽隔几分钟咳嗽一次，有的咳嗽几乎没有间歇，有的咳嗽咳得上气不接下气，好像要将整个肺都咳出来一样。依据频度，咳嗽可分为单发性咳嗽、连续性咳嗽和发作性咳嗽。单发性咳嗽多因呼吸道内异物或分泌物所致，突然发作，咳嗽一两声就停止了，见于细小异物侵入呼吸道，如蛔虫的移行。左图是《水浒传》中王婆的剧照，当撮合西门庆和潘金莲时，往往以咳嗽为号。对人类而言，很多单发性咳嗽并不是细小异物进入呼吸道，而是一种干坏事前的信号。中图是蛔虫的生活史，当移行至气管时，人或动物就会觉得痒痒的，禁不住咳嗽。咳嗽有时可把移行的蛔虫咳出来，如果咳不出来就咽到胃里面去了，然后就能进入肠道发育成成虫。右图是犬戴口罩的照片，虽然有几分戏谑，但却是我们今生最深的记忆。在新冠肺炎肆虐的日子里，口罩是最亮丽的风景，也是最好的屏障。

【PPT25】当呼吸道痉挛时，会发生连续性咳嗽，见于急性喉炎、传染性上呼吸道卡他、弥漫性支气管炎、支气管炎肺炎和猪肺疫等。连续性咳嗽是一种很折磨人的疾病，如左图中的女娃，深更半夜，睡着了还在咳嗽，非常痛苦。中图是异物性肺炎的影像，此病一发，咳嗽将连续不断。右图中的猪不但呈犬坐姿势，还可见皮肤发绀和连续性咳嗽，该猪患有猪肺疫。

【PPT26】当呼吸道内受到强烈刺激，会发生发作性咳嗽。发作性咳嗽具有突然性和爆发性，咳嗽剧烈而痛苦，见于呼吸道异物和异物性肺炎。采食或饮水时不慎呛入呼吸道，就会出现一连串猛烈的咳嗽，直至异物被咳出为止。左图是吃饭呛着的图片，咳嗽剧烈而痛苦。中图和右图是发作性咳嗽的图片。

【PPT27】对人而言，吃饭和喝水时千万不要讲笑话，也不要看笑话，否则食物或饮水容易呛入食管，导致发作性咳嗽。《红楼梦》中有一段吃饭场景，刘姥姥突然来了几句："老刘，老刘，食量大如牛，吃头母猪不抬头。"搞得在座的老太太、夫人及姑娘们笑态百出，其中薛姨妈口里的茶喷了探春一裙子。万幸的是没有人呛着、噎着，否则刘姥姥的罪过就大了。

【PPT28】咳嗽的强度可以反映肺部的状态。喉、气管疾病引起的咳嗽，若肺正常，则咳嗽声音响亮；若肺异常，声音则哑。痛咳是咳嗽中伴有剧烈疼痛，非常痛苦，见于呼吸道异物、异物性肺炎、急性喉炎和胸膜炎等。

【PPT29】鼻液、呼出气体和咳嗽的检查，一定要掌握的是鼻液的量和鼻液性状，其次是干咳和湿咳的原因、特征与临床意义。其余内容也要了解。

本讲寄语是："腹有诗书，胸有良知。""腹有诗书气自华"是苏东坡留给后人的名句，意在说明一个人的才华与气质总是与诗书相连。我们虽然是兽医，但均是受过高等教育的人，腹中多些诗书，总能增添几分文雅。即便不读诗书，只阅专业书籍，兽医的气度与雍容也能够自然显露，感染身边的每一个人。年近四十时，我将人生的爱好缩减为读书、跑步、写作，其目的就是为了实现腹有诗书。作为一名兽医，以挽救动物生命为己任，而不是以单纯的赚钱为目的，就是为了体现胸中的良知。做兽医是我们的谋生手段，但不能只为了赚钱。"同一个世界，同一个健康，同一个医学"才是我们兽医人的最高追求。

第16讲 上呼吸道的检查

【PPT1】在医学上,上呼吸道包括鼻、咽、喉,而气管和支气管属于下呼吸道。但在兽医学上,上呼吸道包括鼻、咽、喉及气管,但气管并不是指全部,而是仅指颈部气管,即从喉部开始,到胸腔入口处为止。

【PPT2】广义上的呼吸道检查不仅包括鼻、咽、喉和气管,还包括副鼻窦。这些器官的检查,有助于确定病变的部位和性质。

【PPT3】本讲主要介绍四个方面内容:一、鼻的检查;二、副鼻窦的检查;三、呼吸杂音的检查;四、喉与气管的检查。

【PPT4】鼻的检查包括鼻的外部检查和鼻黏膜检查,其中外部检查又包含鼻孔周围组织的检查。健康动物鼻外部完整,发病时可出现肿胀、水疱、烂斑和结节。肿胀见于血斑病、纤维素性鼻炎、异物刺伤及部分传染病,水疱见于口蹄疫和传染性水疱病等。图中的牛口鼻处出现水疱,水疱破溃后容易融合成比较大的烂斑。口蹄疫对于成年动物影响较小,按道理是能抗过去的,但按照兽医法律、法规是坚决不能治疗的,因为该病属于一类疫病,怀疑是此病时就应该及时上报,迅速隔离,果断捕杀。该病传染性极强,速度极快,若不及时采取防疫措施,将会迅速扩散。烂斑见于慢性鼻炎、副鼻窦炎等。图中的山羊鼻孔周围布满了烂斑,这是羊痘所导致的。结节见于牛丘疹性口膜炎和坏死性口膜炎。图中的犬鼻孔中可见丘疹。

【PPT5】鼻的外部检查一定要注意鼻甲骨的变化。鼻甲骨增生、肿胀,见于猪萎缩性鼻炎、严重的软骨病和鼻肿瘤。左图是猪的萎缩性鼻炎,可见鼻甲骨歪向一侧,是规模化猪场存在的一种细菌性传染病。此外,还要关注鼻的痒感。夏天经常看到一些羊甩鼻涕,一方面是因为鼻液增多堵塞鼻孔,不舒服,难呼吸;另一方面是因为鼻腔内麻痒难当,只能靠甩鼻来缓解痛楚。羊毕竟不能像人那样用手指抠,否则会舒服很多。鼻的痒感见于鼻卡他、鼻腔寄生虫、异物刺激及吸血昆虫的刺蛰等。右图羊鼻腔内有寄生虫，会刺激鼻腔黏膜产生痒感。

【PPT6】鼻黏膜潮红见于鼻卡他、流行性感冒、鼻疽、发热及各种全身性疾病；出血斑点见于败血症、血斑病及某些中毒。左图是犬鼻腔镜检查的结果，可见鼻腔黏膜有出血点。鼻腔黏膜肿胀见于鼻卡他、马腺疫、流感、鼻疽和血斑病。右图也是犬鼻腔镜检查的结果，可见鼻腔黏膜潮红、肿胀。

【PPT7】鼻黏膜水疱见于口蹄疫和传染性水疱病；溃疡见于鼻炎、马腺疫、血斑病和牛恶性卡他等；结节见于鼻疽；瘢痕见于损伤和鼻疽。左图是马鼻疽，中图和右图是鼻黏膜的检查方法。

【PPT8】副鼻窦包括额窦、上颌窦、蝶窦和筛窦，临床上主要检查额窦和上颌窦。检查方法有视诊、触诊和叩诊，必要时进行 X 线检查和圆锯术检查。视诊时，变形隆起见于窦腔积脓、骨软病、肿瘤、恶性卡他、外伤和局限性骨膜炎。触诊时，敏感及温度升高见于急性窦炎和急性骨膜炎；局部骨壁凹陷和疼痛见于外伤；隆起、变形、柔软见于骨软病、肿瘤和放线菌病。叩诊时，正常时呈空盒音，浊音见于窦腔积液或肿瘤。副鼻窦炎发生时，不仅叩诊呈浊音，触诊敏感，温度升高，而且鼻液会出现量不定的典型特征："抬头不见低头见，静止不见运动见。"

【PPT9】图中是人类副鼻窦的解剖位置，人也可以发生上述疾病。人医、兽医相通，但又存在差别。有的同学怀揣着医学梦想，却被动物医学专业录取；也有同学怀揣着兽医梦想，却踏进了医学之门。实际上人医和兽医是可以相互转换的，关键看你做出了多少努力，学到了多少本事。一个蹩脚的兽医，怎么可能迈入医学大门去草菅人命？一个平庸的医生，又怎么能应付得了种类繁多、不会说话的动物？但杰出的兽医和医生是大家都喜欢的，转到哪个行业都是受欢迎的。

【PPT10】呼吸杂音的内容比较多，需要去用心理解。先来看鼻狭窄音。鼻狭窄音顾名思义，就是鼻腔狭窄时发出的声音。鼻腔为什么会狭窄？主要是因为鼻黏膜高度肿胀、充满大量分泌物或鼻腔肿瘤。鼻狭窄音吸气时强，呼气时弱，呈口哨音，见于慢性鼻炎、鼻疽、牛恶性卡他热、放线菌病、猪传染性萎缩性鼻炎、重症骨软病和鼻腔肿瘤等。左图是犬的胸片，由肺部广泛的结节灶可知，已有大量的肿瘤细胞扩散至肺。那么这些肿瘤细胞是从哪里来的呢？经问诊，该犬曾患鼻腔肿瘤，如中图所示，一侧鼻腔明显存在高密度阴影，这是肿瘤的征象。右图是猪萎缩性鼻炎的鼻甲骨，明显存在两侧不对称。

【PPT11】动物高度呼吸困难称之为喘息，喘息时，呼吸音显著增强，且呼气时明显，呈粗大的"赫赫"声，称之为喘息声，见于发热性疾病、肺炎、胸膜肺炎、急性胃扩张、急性瘤胃臌气及肠变位等。在临床上，腹腔压力增大，会对胸腔器官造成巨大的压迫，导致高度的呼吸困难。左图腹腔里有一个明显的高密度团块，可以造成腹压过大，从而导致动物出现喘息声。中图通过钡餐造影，可见胃严重扩张，直达后腹部，致使腹压增大，引起动物高度呼吸困难。右图的猪耳朵发绀，爬卧姿势，呈高度呼吸困难状态。

【PPT12】喷嚏是鼻黏膜受刺激，急剧吸气，然后很快地由鼻孔喷出并发出声音的现象。喷嚏也是一种保护性反射，能够将进入鼻腔的异物排出体外，见于健康马的喷鼻，以及鼻腔异物和鼻卡他等。左图是健康马喷鼻的样子，中图是可爱的狗打喷嚏的模样，右图是人间精灵——猫打喷嚏的模样。有人说世界上最难隐藏的东西有三样：喷嚏、贫穷和爱情。其实，这三样东西即便能够隐藏，也没必要隐藏，倒是各位的才华，不要轻易表露，慢慢释放即可，毕竟古人说的好："君子之才华，玉韫珠藏，不可使人易知。"

【PPT13】喉狭窄音主要是因喉黏膜水肿、发炎、肿瘤或异物导致喉腔狭窄变形，气流通过时呈口哨音、呼噜声或拉锯声，见于喉炎、炭疽、马腺疫、牛结核病和放线菌病。左图的牛咽喉部有一个巨大肿块，可压迫喉部造成管腔狭窄。中图是喉镜检查犬的画面，可见喉腔狭窄。右图是患结核病的牛，全身淋巴结肿大，包括喉部。

【PPT14】喘鸣音与喘息声在声音性质上存在差别：喘鸣音重点突出一个"鸣"字，尖锐如哨，而喘息声只是粗大的"赫赫"之声。当动物返回神经麻痹、声带弛缓、喉舒张肌萎缩、喉腔狭窄，吸气时因气流摩擦和环状软骨及声带边缘振动而发出这种异常呼吸音，见于返回神经麻痹和铅中毒等。左图的X线片中，在咽喉上方有一个巨大肿物，可导致喉腔狭窄。中图是铅中毒的泰迪犬，可出现喘鸣音。右图是咽喉异物，可造成喉部狭窄或完全阻塞，严重时直接导致人或动物死亡。

【PPT15】啰音是伴随呼吸出现的附加音，其原因是喉和气管内存在分泌物所致。若分泌物黏稠，可闻干啰音，呈吹哨音或咝咝声；若分泌物稀薄，为湿罗音，呈呼噜声或猫鸣声。分泌物黏稠也好，稀薄也罢，都可使气管腔狭窄。气管管腔狭窄，气体进入则易发声，这和口哨能够吹响的道理是一样的。啰音见于喉炎、气管炎和气管内异物。左图和中图是气管塌陷的图片，虽然不是分泌物造成的，但气管狭窄则难免出现啰音，只不过这种啰音一定是干啰音。"颈部吸气时，胸部呼气处"，不知道大家是否还记得这两句话，左图和中图诠释的正是这两句话的意思。右图的猫发生了气管炎，若听诊，当有啰音出现。呼吸杂音有很多种，但不管哪一种都是呼吸困难的表现，其本质都是呼吸道狭窄的缘故。异物也好、分泌物也罢，管腔狭窄了气体进出自然就不会顺畅，不顺畅就难免发出愤怒的呐喊。这种呐喊对机体本身是积极的反抗方式和求救信号，对于兽医而言，却是诊断信息的发布，破译了这一信息，就能够得出准确诊断，破译不了只能一生在庸医的边缘徘徊，所谓的治病救兽梦想，终究只是空想。

【PPT16】喉的检查可以用视诊和触诊，必要时使用喉镜。气管的检查主要是外部的触诊，有时也可以使用听诊。气管检查主要是颈部气管的检查，胸部只能借助影像设备进行检查。喉与气管的检查，视诊主要检查喉部和气管区有无肿胀；触诊主要用于判定喉及气管有无疼痛和咳嗽，并确定肿胀的性质；听诊主要用于判断喉和气管呼吸音的性质。

【PPT17】视诊主要观察有无肿胀。当喉部发生严重肿胀时，则表现呼吸和吞咽困难。喉部炎症肿胀是由于咽峡炎、腮腺炎、咽鼓管囊炎等所致，见于炭疽、牛肺疫、恶性水肿、猪肺疫、猪水肿病、马腺疫、流行性感冒、犬瘟热和某些中毒等。喉及气管区肿胀还见于结核病、放线菌病和羊的寄生虫病。气管区及垂皮部的肿胀，同时伴发咳嗽，见于心脏瓣膜疾病或牛创伤性心包炎。

【PPT18】触诊主要检查肿胀和敏感性。发生急性喉炎时，局部触诊有热、痛感，易诱发咳嗽。当喉黏膜有黏稠分泌物、水肿、狭窄和声带麻痹时，触诊喉部有明显的颤动感。发生喉水肿时，喉壁的颤动最为明显。气管触诊时表现敏感，并伴发咳嗽，多见于气管炎。

【PPT19】听诊主要听取呼吸音。健康喉部听诊，可听到类似"哈"的声音。喉呼吸音可沿整个气管向内扩散，逐渐变得柔和。在气管出现者，称为气管呼吸音，与喉呼吸音相似。在胸壁支气管炎区出现者，称为支气管炎呼吸音，类似"赫赫"的声音。病理情况下可出现喉狭窄音、喘鸣音、啰音等。

【PPT20】上呼吸道检查，以呼吸杂音的鉴别最为重要，不同的杂音其发生部位和临床意义也不同，对疾病的进一步诊断就有重要的提示作用。

本讲寄语是："影像乾坤大，诊断天机深。"影像学检查是兽医临床诊断学的一个重要分支，是现代动物医院最不能缺少的检查方法。没有影像设备的存在，就没有开展深入诊疗的资格；没有影像学技术，就没有可靠准确的诊断。不论是内科、外科、产科，还是牙科、骨科、内分泌科，均需要兽医影像学检查介入，所以说影像乾坤大。诊断是最高深的学问，诊断的准确与否是治疗成败的关键。诊断设备的开发永无止境，诊断技术的发展永无止境，诊疗思维的进步永无止境，因此我们学习诊断、应用诊断的动力永无止境。影像学检查是建立诊断的利器，我国兽医的迅速崛起呼唤影像诊断大师的出现。也许，你就是未来影像诊断的大师。

第 17 讲　胸廓的视诊、触诊和叩诊

【PPT1】肺是一个受不得气的器官，因此其所在的胸腔为负压；肺又是一个受气器官，外界的空气和机体代谢产生的二氧化碳源源不断在肺泡中交换。要保证气体交换的正常进行，保证呼吸道通畅自不必说，更重要的是保证胸廓的形态，胸廓形态一改变，肺就可能受到伤害，因为肺是一个最容易受伤的器官。反过来，肺发生病变，胸廓也会发生相应的改变，如形状的改变、叩诊音的改变、听诊音的改变等。肺居深宫，多不得见，只能依据呼吸的变化和胸廓的状态来推测其可能存在的病变。

【PPT2】胸廓视诊主要看是否存在桶状胸、扁平胸、鸡胸和两侧不对称；触诊主要用来感知温度、敏感性和胸部摩擦感；叩诊主要用于确定肺区的大小及其叩诊音的变化。

【PPT3】本讲主要介绍五个方面内容：一、胸廓检查概述；二、胸廓的视诊；三、胸廓的触诊；四、肺叩诊区的检查；五、肺叩诊音的检查。

【PPT4】胸廓是由胸椎、肋和胸骨围成的骨骼支架，呈圆锥状。胸廓主要用于保护心脏、肺脏等重要器官。胸廓的检查方法主要包括视诊、触诊、叩诊和听诊。其中，叩诊和听诊最为重要。必要时可用 X 线检查、超声检查及实验室检查等。胸廓及肺部的检查，在呼吸系统检查中最为重要，一方面因为肺的活动很容易受到其他器官机能的影响；另一方面肺本身的疾病将直接危害动物的生命活动。健康动物的胸廓，脊柱平直，肋骨有一定的膨隆度，肋骨间隙不明显，肋骨与肋软骨结合部平滑，胸骨平直无畸形。

【PPT5】胸廓异常可出现桶状胸。生活中我们只听说过水桶腰，没听说过水桶胸，但在兽医临床上却有水桶胸的存在。那天我正在实验站为学生上实验课，授课内容刚好讲到桶状胸时，有一只犬前来就诊。我前后左右视诊了一下，指给学生看，桶状胸！虽然我之前从未见过桶状胸，但理论早已精熟，所以才能

一见而给出准确的判断，由此可见理论学习的重要性。胸廓两侧膨大成桶状，肋骨间隙变宽，见于严重的肺气肿和气胸。由此可知，这只犬不是发生肺气肿就是存在气胸，但是用什么方法去鉴别呢？这个问题留给大家。再者，桶状胸已出现，呼吸方式、频率、节律等又会出现什么变化呢？因此说，诊断不是一个症状对应一个病，而是综合分析各种症状、各种资料，才能得出正确诊断。没有全面考虑就不会有准确的诊断。图中牛的胸廓膨大呈桶状，是典型的桶状胸。左右两张 X 线片，从胸腔的投射性亢进，到肺的回缩，到膈的扁平化，到胸腔的扩张，都是气胸的征象。

【PPT6】桶状胸是肋骨膨隆度过大，而扁平胸则是肋骨膨隆度太小，胸廓狭窄呈扁平状，见于骨软病、营养不良和慢性消耗性疾病。左图的犬，柔弱不堪，不忍直视，肋骨扁平，缺少膨隆度，是典型的扁平胸。如此肋骨毕现，必是长期营养不良所致。中图是肺结核的模式图，一旦患有此病，将长期陷入消耗状态而导致扁平胸。右图的牛，虽然漫步于绿草之间，却面显饥荒之态，同样会出现扁平胸。

【PPT7】鸡胸是一种比喻，如鸡之胸膛，胸骨向前突出，而且肋骨和肋软骨结合部呈串珠状，常见于佝偻病。佝偻病是幼龄动物钙磷缺乏或比例不当，或维生素 D 缺乏所致的一种营养代谢病，主要病变是骨骼变形。前肢内八字，后肢外八字，脊柱弯曲，而且呈典型的鸡胸。

【PPT8】健康动物的胸廓，不论从前方还是后方观察，均呈对称状态，若一侧扁平而下陷，必然是疾病因素所致。两侧不对称见于一侧肋骨骨折和单侧胸膜炎等。左图是人的 X 线片，但从心脏的明显移位来看，是发生了一侧性胸膜炎。中图是单侧气胸，气胸之侧因气体集聚而扩张，对侧因肺的代偿而扩张，因此临床上是否出现两侧不对称尚不明确。右图是犬多根肋骨骨折。胸廓视诊有四种异常情况：桶状胸，肋骨过于膨隆；扁平胸，胸骨过于扁平、塌陷；鸡胸，胸骨向前突出；两侧不对称，一侧胸部扁平、塌陷。每一种异常胸廓都有其特定的临床意义。

【PPT9】胸廓触诊相对简单，主要通过触诊感知胸壁的温度、敏感性和胸部摩擦感。胸部温度升高见于局部炎症、胸膜肺炎等。胸部疼痛，即敏感性增高见于胸膜炎和肋骨骨折等。胸部摩擦感见于急性胸膜炎等。什么是胸部摩擦感？就是类似于两手背互搓的一种感觉。左图是胸膜炎的 X 线影像，中图是胸膜肺炎的 X 线影像，右图是胸膜肺炎的大体病变。

【PPT10】叩诊在肺区边界的确定及病变性质的判断上具有重要意义，尤其牛、马等大动物，叩诊是诊断肺病及胸腔疾病的最有效的方法之一。健康动物的肺叩诊区简称肺区，位置相对恒定。因肺泡含气量多，加之胸腔声音传导效果好，肺区的清音很容易被识别出来。肺区的清音音调低、音响大、振动持续的时间长，但在肺的边缘声音可逐渐过渡到半浊音、浊音。肺区叩诊音在临床上很容易辨别，但前提是要满足叩诊的条件：第一，要有一定的叩诊力量，力量小达不到理想的音质；第二，胸壁到肺之间的介质状态正常，胸壁厚度一定，若发生胸壁肿胀或胸膜炎，则叩诊不出肺区的清音；第三，肺泡含气量一定，肺泡将具有一定的紧张度。意思是，肺泡既不能塌陷，也不能呈气肿状态，必须是正常状态，否则音响性质也将发生改变。左图显示的是胸腔中的肺，可通过数肋骨的方式进行体表定位。右图是肺区叩诊的操作方法，既要遵循一般叩诊的技术要点，也要满足肺区叩诊的必要条件。

【PPT11】肺在体表的投影，即肺叩诊区是可以在体表定位的。定位后，可通过叩诊予以确认。通常情况下，通过体表定位法确定的肺区，与叩诊确定的实际区域误差很小，在1~2cm范围内属于正常现象。若超过3cm就是一种病理情况，就需要考虑肺叩诊区扩大或缩小的临床意义。肺叩诊区的确定，一般分为起点、前界、上界和后界，每一种动物除起点外，各定位点均存在差异。我们来看一下健康马的肺叩诊区确定，如图所示：起于肩胛骨后角；前界由肩胛骨后角开始，垂直向下划一条直线，止于第5肋间；上界距离背中线一掌宽；后界由四点决定，始于第17肋与胸椎的交点，与髋结节水平线交于第16肋间，与坐骨结节水平线交于第14肋间，与肩端水平线交于第10肋间，最后将各点连接起来，止于第5肋间。肺叩诊区的确定是实验课中重点内容，这里只做一个简单介绍。马的肺叩诊区类似于一个四分之一圆，区域面积相对较大。

【PPT12】健康牛的肺叩诊区与马的不同，不论是相对面积的大小，还是形状上的差异。健康牛的肺叩诊区确定，如图所示：起于肩胛骨后角；前界由肩胛骨后角开始，沿肘肌向下划一条"S"形曲线，止于第4肋间；上界距离背中线一掌宽，这一界限与马相同；后界由三点决定，起始于第12肋与胸椎的交点，与髋结节水平线交于第11肋间，与肩端水平线交于第8肋间，最后连接各点止于第4肋间。图中可清楚地看出各点的位置，与上述方法确定的位点完全相同。

【PPT13】不论是牛还是马，肺叩诊区的起点都是肩胛骨后角，固定不变。肺叩诊区的前界有胸骨挡着，也不能改变。上界是脊柱，也不可能改变。唯一能扩大或缩小的界限就是后界。因此，肺叩诊区的扩大或缩小，都是肺叩诊区后界在变化。前移则叩诊缩小，后扩则叩诊区扩大。当肺体积增大或胸腔积气时，叩诊界后移，肺叩诊区扩大见于肺气肿和气胸等。理论叩诊区的确定靠体表各点定位，实际叩诊区的确定靠叩诊所产生的清音。当发生肺气肿或气胸时，胸腔内含气量增加，清音区域扩大，从而导致肺叩诊区扩大。

【PPT14】实质器官是不会轻易萎缩的，基于此理论，肺叩诊区的缩小通常都不是肺本身的问题，而是腹压增高所致。腹压升高，挤压膈肌，膈肌前移，推动肺脏前移，叩诊时清音的后界就会前移，叩诊区就表现为缩小，见于急性胃扩张、急性肠膨气、瘤胃膨气和瘤胃积液等。肺叩诊界的变化是叩诊后界的变化，叩诊区扩大是肺本身增大引起的，而叩诊区缩小是腹压过大肺被动前移引起的。

【PPT15】肺叩诊区除了整体扩大或缩小外，局部也会发生变化。原本清音的区域，现在变为浊音、半浊音、过清音、鼓音，甚至金属音，必然是肺脏局部发生病变所致。因此，叩诊对肺脏疾病的诊断，不仅仅是看叩诊区的变化，还要听叩诊音的变化。如果在肺区某个部位或某些部位叩诊出浊音或半浊音，可能是局部肺泡内充满炎性渗出物引起肺泡内含气量减少造成的，见于肺结核、肺脓肿、肺坏疽、肺充血，也见于肺肿瘤、肺寄生虫、胸壁增厚及胸腔积液等。左图肺充满了转移肿瘤的结节灶，叩诊肺区必然会出现浊音或半浊音。中图是胸膜炎的X线片，发生胸膜炎，介质状态发生改变，此时叩诊，将清音不再，取而代之的是浊音或半浊音。右图的牛胸壁肿胀、增厚，自然叩不出清脆的清音，只能是浊音或半浊音。

【PPT16】浊音区上界呈水平线称为水平浊音。水平线通常是由水平面产生的，如果存在胸腔积液，叩诊的结果必然会出现水平浊音。当然，也不能排除肺脏的病变上界正好是一条水平线的可能，为了排除这种情况，只需改变一下患畜的体位进行二次叩诊即可。若是胸腔积液所致的水平浊音，无论怎么改变体位，上界始终是一条水平线，这一点不会变，会变的只是水平线在体表位置的高低；而肺脏病变引起的那条水平线，随着动物体位的改变，就会变成斜线。左图是马胸腔积液的示意图，上界为水平线，水平线下叩诊，均为浊音。中图是胸膜炎的X线片，胸膜炎发生，会有液体渗出物，最终导致胸腔积液。右图是胸腔积液的X线片，内脏器官因液体的遮盖，已经失去了明显的界限。

【PPT17】局部肺泡含气量减少或胸腔含气量减少导致浊音、半浊音或水平浊音。如果肺泡含气量增加，肺泡弹性降低，过度充盈，则会出现过清音，主要见于肺气肿。过清音是一种类似敲打空盒子产生的声音。左图是肺气肿导致的病牛桶状胸。中图是发生气肿的肺脏，可以看到肺高度肿胀，纹理变宽。右图是肺气肿病牛表现出的呼吸困难。该牛的肺气肿是由黑斑病甘薯中毒引发的，肺泡因过度充盈而出现过清音。

【PPT18】若肺泡或胸腔气体含量进一步增加，可能出现鼓音。叩诊出现鼓音的原因很多，主要有以下六个方面：第一，浸润部位与健康部位掺杂，见于大叶性肺炎的充血期和吸收期、肺水肿及小叶性肺炎等。第二，肺空洞，见于肺脓肿、肺结核及肺坏疽的空洞期。第三，支气管炎扩张，见于慢性支气管炎、肺结核、牛肺疫及肺寄生虫等。第四，含气的腹腔器官，见于胃肠臌气及膈疝等。第五，气胸，见于胸壁外伤、胸段气管破裂和肺脏破裂等。第六，皮下气肿，发生气肿疽，可形成窜入性皮下气肿，使胸壁皮下积气。图中所示是心包疝，含气的肠道进入心包。无论肠道在心包内，还是心包外，都不是问题的重点，重点是胸腔内出现了含气的腹腔器官，致使胸腔含气量增加，从而出现鼓音。

【PPT19】若肺中含气量进一步增多，可能会出现金属音。肺泡就那么大，即便全部积气，叩诊时也不过是过清音，怎能上升到金属音的程度呢？肺泡完整时固然不行，但若部分肺泡及间质全部坏死、脱落，形成较大的肺空洞呢？肺空洞一旦出现，将容纳更多的气体而使叩诊呈金属音。不是任何一个肺空洞叩诊都能出现金属音，必须满足肺空洞较大、位置浅表、四壁光滑等特点。所谓金属音就是叩诊胸壁时发出的声音如同叩击金属所发出的声音一样，有清脆悦耳之感，见于肺结核、肺坏疽、肺脓肿等形成较大的肺空洞时。左图是CT影像下的肺空洞，右图是中国古代的编钟，叩击可产生悦耳之音。有空洞之形，编钟之音，是谓金属音。

【PPT20】同样是肺空洞，特点不同，叩击产生的声音也不同。当肺空洞通过支气管与外界相连时，叩诊会出现破壶音，就是那种类似敲打破瓷壶发出的声音。破壶音的临床意义与金属音相同，见于肺结核、肺坏疽、肺脓肿等形成较大的肺空洞时。只不过肺空洞需满足通过支气管与外界相通的特点。出现肺空洞，叩诊可以产生鼓音，也可以产生金属音和破壶音，这一点让我们十分迷茫，究竟什么样的肺空洞叩诊产生鼓音？什么样的肺空洞叩诊产生金属音？什么样的肺空洞叩诊产生破壶音？需要大家下去好好思考和总结一下。肺空洞在肺的听诊中还要出现多次，需引起大家的注意。

【PPT21】胸廓视诊看形态，触诊感热痛，叩诊辨声音。不论是叩诊区大小的变化，还是叩诊音音质的不同，其本质都是肺泡或胸腔含气量不同造成的。以清音为参照，哪些是因含气量下降导致的，哪些是因含气量增多造成的，需要大家弄明白。清音、浊音、鼓音、半浊音、过清音、金属音，如果这些叩诊音需要排个座次的话，应该是一个什么样的顺序？期待着大家的答案。

本讲寄语是："艰难困苦抑制不了才华，条件简陋抹杀不了创造。"这是我写作《兽医之道》时，对盛彤笙等老一辈兽医教育家的赞美之词。在那个物质匮乏、条件极其简陋的年代，兽医先贤们扎根祖国边疆，用他们的仁心、学问和智慧铸就了中国兽医教育的奇迹。知古鉴今，联系到我们的现实情况，虽地处偏远，但却不是没有才华的理由；虽条件一般，却不能成为失去创造力的原因。只要有强大的自律能力，旺盛的求知欲望，崇高的兽医理想，一切落后都不是限制发展的藩篱，而是促进成长的动力。

第18讲 胸、肺的听诊

【PPT1】如果说心音是胸腔内的怒吼,那么肺泡呼吸音就是胸腔内的低语。怒吼昭示着血液的奔腾,低语则象征着气体进出的交接。健康时,由于空气不断进出肺泡,因此会产生细小的肺泡呼吸音和较为粗大的支气管呼吸音。异常时,气流大小的变化、肺泡和支气管内腔的变化,会产生更为复杂的声音,如果能够正确分辨这些声音,对肺和支气管疾病的诊断将有重要的指导意义。

【PPT2】声音产生于肺,但听诊于胸,所以称为胸、肺听诊。听诊的区域与叩诊区相同。听诊首先要分辨支气管呼吸音和肺泡呼吸音,其次要判断呼吸音的强弱,最后要辨别各种呼吸杂音。区分呼吸杂音的类型,并根据其临床意义给出正确诊断,是胸、肺听诊的难点所在。当然,听诊只是临床检查的一个方面,还要结合视诊、触诊、叩诊、问诊和嗅诊的检查结果,必要时还需进行实验室检查和特殊检查,以此印证诊断结果。

【PPT3】本讲主要介绍六个方面的内容:一、胸、肺听诊概述;二、生理性呼吸音;三、肺泡呼吸音检查;四、支气管呼吸音检查;五、混合性呼吸音检查;六、呼吸杂音检查。

【PPT4】听诊是检查胸和肺最重要的方法,主要在于查明支气管、肺和胸膜的机能状态,确定呼吸音的强度、性质及病理性呼吸音。听诊时,先从肺叩诊区中1/3开始,向后逐渐听诊,其次为上1/3,最后听诊下1/3。每个部位听诊2~3次,并进行两侧胸部对照听诊。当呼吸音听不清楚时,可采取人工法增强呼吸。这里的人工增强呼吸不是人工呼吸,而是先捂住动物口鼻,然后放开,以增强其呼吸强度和频率。但是,对于呼吸已经虚弱的动物,切勿应用此法,弄不好会导致动物死亡。

【PPT5】健康动物肺部有两种呼吸音,一种是肺泡呼吸音,另一种是支气管呼吸音。肺泡呼吸音的产生是由于空气在细支气管和肺泡内进出,导致肺泡弹性的变化及气流振动产生的声音。声音轻柔，呈"呋呋"之声。肺泡呼吸音的强弱依据动物的种类、年龄、胖瘦、胸壁薄厚、紧张、兴奋、使役及温度等因素的不同而有所差异。在兽医临床诊断学实验课中，我们很难听到肺泡呼吸音，因为环境太嘈杂。左图是呼吸音人工增强法，用一个长臂手套套于牛的口鼻之处，抑制其呼吸，隔20~30秒后取下手套，肺泡会因呼吸代偿而声音增强。中图是肺泡呼吸音产生过程的示意图，气流进出、肺泡开闭、气体振动，就产生了肺泡呼吸音。右图是猫的兴奋状态，此时听诊，呼吸音的强度和频率必然增加。因此，在临床上对动物进行听诊前，应先设法让动物保持安静状态10分钟以上。

【PPT6】支气管呼吸音是呼吸时，气流通过喉部的声门裂隙产生的漩涡运动使气流在气管、支气管炎内形成漩涡所产生的声音，呈"赫赫"之声，有粗糙质感。健康马其肺部听不到支气管呼吸音；其他健康动物，可在肺中前区听到支气管呼吸音。所以，如果健康马的肺部听到支气管呼吸音，或者其他动物肺后区听到支气管呼吸音就是一种病理状态，称为病理性支气管呼吸音。左图是犬肺前区的听诊，可以听到支气管呼吸音和肺泡呼吸音。中图是肺的铸形标本，显示支气管，如同树的根须，因此也称为支气管树。右图是肺的模式图，气管之下由两个大支气管兵分两路，分别深入左肺和右肺，之后逐渐细化成小支气管、细支气管、毛细支气管。

【PPT7】肺泡呼吸音增强分为普遍性增强和局限性增强。普遍性增强是因呼吸中枢兴奋、呼吸运动和肺换气功能增强所导致的。整个肺区的"呋呋"之声粗而快，明显有别于健康时，见于发热性疾病、贫血、代谢性酸中毒及支气管炎、肺炎或肺充血的初期等。气体进入肺泡不通畅，或者气体运输能力不足，均会导致肺泡呼吸音普遍增强。增强的目的就是加快、加强气体的交换。左图X线片可见肺纹理增粗，是肺炎的征象。中图和右图出现"戒指征"和"铁轨征"，是支气管炎的征象。无论是肺炎，还是支气管炎，都会因肺泡的呼吸面积减少或支气管通路不畅而引发呼吸普遍性增强。

【PPT8】肺泡呼吸音局限性增强是因为一侧或部分肺组织发生病变，健康部分因代偿而增强所致的一种病理性呼吸音，临床上表现为局部肺区呈粗而快的"呋呋"之声，见于大叶性肺炎、小叶性肺炎、肺结核、渗出性胸膜炎等。当然，一切机能活动增强仅限于开始或疾病恢复期，到了晚期只有减弱。老子曾说过："企者不立，跨者不行。"意思是说踮着脚，尽管显个子，但站不了多长时间；跨着步走路，虽然快，但走不了多久。所谓增强，就是一种暂时的代偿，不能长久超负荷工作。如图所示，三张图片均与胸膜炎有关，因之前曾做过解释，这里不再赘述。

【PPT9】肺泡呼吸音减弱或不清，有肺泡的自身原因，也有声音传导衰减的原因。因为听诊是在胸壁，与肺脏之间尚有诸多阻隔，因此中间任何因素的改变，都可能导致呼吸音减弱。第一，进入肺泡的空气量减少，见于上呼吸道狭窄、呼吸麻痹、胸部疼痛、全身极度衰弱等。气少，振动就小；振动小，声音就微弱。第二，肺组织实变，见于各型肺炎及肺结核等。肺组织实变，有效呼吸面积减少，呼吸音自然减弱。但是，此时健康肺组织之处其呼吸音必然因代偿而增强。第三，呼吸音传导障碍，见于渗出性胸膜炎、胸腔积液以及胸壁肿胀等。肺泡呼吸音虽然没有发生任何改变，但因胸壁增厚等因素，传到检查者耳朵之中，却所剩无几，所以也会导致肺泡呼吸音减弱或不清。超声图像中的胸腔积液，就能够导致呼吸音传导障碍，从而引起肺泡呼吸音减弱或不清。

【PPT10】如果肺脏因局限性炎症或支气管狭窄，导致空气不能进入肺泡，则可能出现断续性呼吸音。断续性呼吸音有不规则间歇，呈齿轮状，见于肺炎、肺结核，也可见于寒冷和疼痛等。小学时有一篇课文叫《寒号鸟》，如左图所示，此鸟不会筑巢，在冬天来临之际，每晚都冻得直打哆嗦，并且边哆嗦边发誓："哆啰啰，哆啰啰，寒风冻死我，明天就垒窝！"但第二天太阳一出来，天气稍热，它就忘了昨晚的誓言，最后终于被冻死了。寒冷中的"哆啰啰"就是断续性呼吸音的特征。这个故事现在看来有两方面的启示：一是告诉我们断续性呼吸音的特征，二是告诉我们不要到了挂科了才知道好好学习，应该注重平时。坚持学习是一种最好的未雨绸缪。中图与右图，是犬腹痛的表现。疼痛会致"哆啰啰""哆啰啰"会引起断续性呼吸。

【PPT11】健康马的肺区听不到支气管呼吸音，健康牛、羊等动物的肺区后部听不到支气管呼吸音，如果听到了，就称为病理性支气管呼吸音。病理性支气管呼吸音呈强"赫赫"之声，有时不用听诊器都能听到。出现病理性支气管呼吸音，有三种原因，每一种原因都是通过增强声音传导而导致病理性支气管呼吸音的。第一，肺组织实变，见于大叶性肺炎的红色肝变期、严重的小叶性肺炎等。图中的X线片和大体标本反映的就是肺组织实变。实变后的肺，对声音的传导增强，就可以在本不该出现支气管呼吸音的肺区听到支气管呼吸音。第二，肺组织空洞，见于肺脓肿、肺坏疽和肺结核等。图中的CT片，显示的就是肺空洞。肺有空洞，如同隔墙打洞，墙另一侧的声音自然穿洞而来，再无秘密可言。第三，压迫性肺不张，见于渗出性胸膜炎和胸腔积液等。压迫性肺不张可以说是另类的肺组织实变。受液体挤压，原本松软的肺组织变得更瓷实了一些，声音传导效果随之提高。右下角的图是肺叶的扭转，扭转的肺叶也会导致肺的"相对实变"。肺实变、肺不张、肺空洞，三者并不生产病理性支气管呼吸音，只是病理性呼吸音的搬运工。

【PPT12】还有一种混合性呼吸音，即吸气时听到"呋"，呼气时听到"赫"，交替进行，此起彼伏。出现这种病变，原因有二：第一，深部病变组织被正常组织掩盖；第二，病变组织与正常组织掺杂。这两句话是不是听起来特别耳熟？若此时叩诊，可以出现什么叩诊音呢？大家可以考虑一下。混合性病理呼吸音见于支气管肺炎、大叶性肺炎初期和肺结核等。左图是支气管肺炎的X线片，存在"铁轨征"和"戒指征"；中图是肺结核的模式图，结核结节掩盖在正常组织之下；右图是大叶性肺炎的镜下病变，可见血管充血。

【PPT13】除了支气管呼吸音和肺泡呼吸音外，其余声音均为杂音。杂音的类型非常多，有啰音、捻发音、胸膜摩擦音、拍水音和空瓮音等，需要在听诊过程中认真鉴别。学习呼吸杂音，最好能与叩诊、触诊和听诊结合起来，这样不仅能够加强理解，而且可以锻炼全面考虑问题的能力。先来看啰音，啰音可分为干啰音和湿啰音。湿啰音是气流通过支气管内稀薄的分泌物时产生的。湿啰音断续而短暂，如细管在水中吹气，部位恒定，性质稳定，见于支气管炎、细支气管炎和肺脓肿等。啰音的出现，说明病变必然波及支气管。左图与中图是支气管炎的X线片，右图是肺脓肿的X线片。X线检查对于肺脏疾病的诊断具有决定意义。

【PPT14】干啰音是呼吸道狭窄，而且支气管内产生大量的黏稠分泌物，气流通过时产生的声音。干啰音持续时间长，音调高，呼气时明显。大支气管似猫鸣声，小支气管似口哨音，见于慢性支气管炎。左图是慢性支气管炎导致管腔狭窄的示意图，中图是正常对比，右图是X线成像示意图，可见"戒指征"和"铁轨征"。湿啰音和干啰音声音不同，产生的原因也有所差异，一个是支气管内有稀薄分泌物，另一个是支气管内有黏稠分泌物。啰音发生时，叩诊会出现什么叩诊音？这个问题也留给大家思考。

【PPT15】肺泡如果出现少量渗出物，导致肺泡壁与毛细支气管黏合，但在吸气时又分开，这时产生的声音称为捻发音。捻发音呈细碎的噼啪声，吸气末最明显。有头发的同学，请把自己的头发捻一下，感觉一下捻发音。没有头发的同学，侧耳倾听一下那种细碎的噼啪声。你马上就会体会到——有头发真好。捻发音见于毛细支气管炎、肺结核、肺水肿及肺充血的初期。如左图所示，在X线片中，空气支气管征的出现，提示肺泡存在病变。中图是肺泡型病变的模式图，意思是支气管基本正常，而病变集中在肺泡，此时拍摄X线片，支气管就会凸显出来。右图显示的也是空气支气管征。听诊有捻发音，此时若是叩诊会出现什么样的叩诊音呢？若是视诊又会出现怎样的呼吸节律？请大家思考。

【PPT16】当胸膜炎发生时，大量的纤维蛋白渗出物黏附到胸膜的壁层和脏层，胸膜因此而变得粗糙不平，一旦运动随之产生胸膜摩擦音。胸膜摩擦音如两手背互搓，呈断续性，不稳定，有时消失，在吸气末和呼气初最明显，主要见于纤维蛋白性胸膜炎。此时，若是触诊会有什么感觉？若是叩诊会有什么样的叩诊音？若是视诊呼吸方式会发生什么改变？左图是纤维蛋白性胸膜炎剖检时的大体病变，中图是猪胸膜肺炎表现出的呼吸方式，右图是纤维蛋白渗出物的镜下变化。将病变与症状有机地联系起来，将症状与诊断有机地结合起来，就掌握了兽医临床诊断学最核心的学习方法。

【PPT17】如果胸腔积液，听诊时会有拍水音。拍水音犹如半瓶水振荡产生的声音。俗话说"一瓶子不满半瓶子晃荡"大家课下可自行感受下。但是，我们学兽医、做学问可不能装上半瓶就不管了，那样会错失很多可以救治的生命。拍水音见于渗出性胸膜炎、血胸和脓胸等。左图中红色箭头所示是肺叶裂间隙，是胸腔积液的一种征象。中图是左图的放大。右图出现严重的胸腔积液，心脏轮廓模糊不清，此外还有气管上抬的征象。若听诊听到拍水音，那么视诊会看到什么？触诊会感到什么？叩诊会听到什么？请大家课后仔细思考一下。

【PPT18】最后一种呼吸杂音，叫空瓮音。先来看看什么是瓮？如左图所示，圆肚粗口谓之瓮，如果圆肚细口那就是坛子了。如果细小支气管进入较大肺空洞，共鸣而产生的声音就称之为空瓮音。空瓮音指的是肺空洞如瓮，并不是发生的声音像吹瓮发出的声音。空瓮如此大口，怎样产生声音？空瓮音类似吹狭口瓶发出的声音，或如附耳听开水瓶发出的声音，见于肺脓肿、肺结核及肺坏疽等疾病的空洞期。中图是肺结核示意图，右图是开水瓶，打开盖子，拔掉塞子，以口贴耳，嗡嗡之声不绝，与空瓮音极其相似。听诊时呈空瓮音，那么叩诊会呈什么音？视诊、触诊、叩诊、听诊若能一一对应起来，才算真正掌握了胸、肺的检查。

【PPT19】呼吸器官疾病的初期，听诊呼吸音会普遍增强，而中后期，若有减弱之地，必有增强之处。肺泡呼吸音减弱是各种疾病阻碍了声音的传导，而病理性呼吸音则是各种疾病加强了声音的传导。病变组织与健康组织鱼龙混杂，易产生混合性呼吸音。呼吸杂音，如果分泌物在支气管则产生啰音，若分泌物在肺泡则产生捻发音，若胸膜有纤维蛋白渗出物则产生胸膜摩擦音，若胸腔积液则产生拍水音，若有肺空洞则产生空瓮音。心音怒吼，肺音低语，低语的肺音能够告诉你更多的秘密，关键是你是否有上佳的耳力，能够辨别出那些如泣如诉的"低语"。

本讲寄语是："手提利剑斩疾病，心怀爱心卫六畜。"在第一讲中就曾讲过，兽医临床诊断学是一把利剑，能将千头万绪的疾病乱麻，干净利索地斩开，瞬间变得层次分明。兽医临床诊断学虽是利剑，但不经学习与实践的打磨，是会锈迹斑斑、锋利不再的。兽医是一个必须拥有医者仁心的职业，否则就不可能完成"维护动物健康，保护人类发展"的使命。维护动物健康，不是一句简单的口号，是需要用真实的本领来维护。而真实本领的首要体现就是准确诊断的能力。学好诊断，就是磨好利剑，只有磨好利剑才能使六畜兴旺。

第19讲 消化系统的一般检查

【PPT1】俗话说病从口入，这是千古不变的真理。很多疾病的发生，都是吃出来的。消化器官作为食物进出的通道，所承受的压力最大。再者，消化道前达口腔，后通肛门，是一个完全开放的系统，极易造成病原微生物的入侵。消化系统疾病的发病率遥遥领先其他系统疾病，因此消化系统疾病在诊断与治疗上有着十分重要的作用。消化系统检查能够应用所有的诊断方法，能够充分发挥所有诊断方法的特长。消化系统疾病又十分复杂，涉及的因素非常多，一旦发病就会影响其他系统，反过来其他系统疾病也能波及消化系统。消化系统检查虽然是一项浩大的工程，但都得从饮食状态检查开始。

【PPT2】消化系统的一般检查主要是观察动物饮食状态，如食欲、饮欲、采食、咀嚼和反刍等生理状况，以及呕吐、反流等异常情况。另外，还要对口腔、咽和食管进行初步检查。一般检查以观察消化系统整体状态为主，为进一步检查指明方向。

【PPT3】本讲主要介绍六个方面的内容：一、消化系统检查概述；二、饮食状态的检查；三、采食与咀嚼的检查；四、呕吐与反流的检查；五、口腔的检查；六、咽与食管的检查。

【PPT4】消化系统由消化道和消化腺组成。由于其开放性，消化系统疾病发病率一直稳居各系统疾病之首。马疝痛、牛前胃疾病发病率和死亡率都很高，再者就是幼畜的腹泻。其他器官疾病，也对消化器官有一定的影响。消化器官的检查及症状学研究，在临床上最为重要。图中是马的胃肠道，依次包括胃、十二指肠、空肠、回肠、盲肠、结肠和直肠。肠道弯曲而长，各部位均能发生多种疾病。但是，无论消化系统发生什么样的疾病，首先表现在食欲和饮欲的异常上。

【PPT5】不仅所有临床基本检查方法都能用于消化系统检查，而且所有特殊检查法和实验室检查法也都能用于消化系统的检查。视诊主要观察动物饮食状态、腹围变化及粪便状况；外部触诊主要了解腹壁是否敏感、内容物的性质有无变化等，而直肠触诊主要感知内部器官的变化；叩诊主要了解腹腔器官的病变性质；听诊主要用于判断胃肠的蠕动情况；问诊主要了解动物的既往史、现病史和饲养管理情况。此外，还可以应用胃管探诊，以此判断食管有无阻塞、憩室和扩张等；可以进行腹腔穿刺，了解腹腔积液的性质，为进一步诊断提供依据；可以应用金属探测仪，了解瘤胃及网胃内有无金属异物。在特殊检查方面，X线、超声、CT、核磁共振成像和内窥镜等均可以应用于检查。实验室检查如肝功能检查、胰腺功能检查、微生物培养、粪便检查等无一不能发挥作用。消化系统疾病多样，检查手段也多样，需要兽医熟练掌握。

【PPT6】通常情况下，动物发病后就会出现食欲减少或废绝。发病后，食欲增加的情况也不是没有，但毕竟为数不多。食欲减少或废绝见于消化系统疾病、中毒性疾病、发热性疾病、疼痛性疾病和代谢障碍性疾病等。兽医临床诊断学这门课程重在"诊断"两字，诊断就是推理和判断，学完这门课知道多少症状，掌握多少方法固然重要，但更重要的是学会推理，并通过推理给出一个准确的判断。关于食欲废绝问题，我想起了一个病例。派出所的警犬，几天不吃东西，让我出诊。警犬养在室外一个围栏里，当时正值冬天，到处冷冰冰的，就连那个简陋的狗窝也透不出一丝暖意。我为警犬测了体温，正常；听诊心脏、肺、胃肠道，正常；视诊整体状态也正常，找不到一丝发病的影子。视诊动物看不出所以然，我就看看周围环境，发现地上有很多冻得像冰棍儿一样的饭菜。于是我对警察说，看样子不像有病，估计是胃口不好，买份抓饭试试。说完，我就走了。后来警察给我打电话，说狗非常喜欢吃抓饭，尤其是抓饭中那块鲜嫩的羊肉。满地饭菜，被冻得坚硬如铁，狗哪有吃的心情，而抓饭是新疆美味，狗定然喜欢。再说，抓饭中有羊肉，狗毕竟是狼进化而来的，多少也得遗传点吃羊情结。因此，动物食欲下降或废绝，首先应该考虑的是食物问题，然后再考虑动物自身。现在来做一个推理练习：引起动物食欲下降或废绝的原因有哪些？弄清楚了这个问题，你就懂得了基本的推理。实际上，原因不外乎这么四点：不好吃，不想吃，吃不下，排不出。依据上述四点提示，大家可做一个详细推理，并将基本的推理过程以简图的形式画到一张白纸上，算作作业。一般的疾病都是食欲下降或废绝，但也有一些疾病动物表现为食欲亢进，如疾病的恢复期、长期甲亢、糖尿病、肠道寄生虫和慢性消耗性疾病等。左图中的猫，跖骨着地，是糖尿病的典型症状，而糖尿病发生后动物多表现为食欲亢进。有时候，动物吃一些我们认为没有营养价值的物质，如石块、土块、树皮等，称为异嗜，见于营养物质缺乏和代谢紊乱等疾病。中图X线片显示，犬胃部存在高密度阴影，这样的密度通常是金属、石块等。假如是异物，什么异物能够这么大？当然，比这更大的异物也多了去了，但狗毕竟不是蛇，不可能吃下去比自己脑袋还大的异物。唯一的可能就是很多小的异物累积成一个大异物。后经开腹探查，取出无数个小石块，如右图所示。鸡吃石子，是为了帮助消化，狗吃石头是为了什么呢？令人十分诧异。狗这种吃石头的行为就是通常所说的异嗜或异食癖。异食癖不是动物的专利，人有时也存在这种行为。马尔克斯的名著《百年孤独》中就有一些异嗜的描述，有兴趣的同学可以读一读。毕竟是名家名作，不同凡响。

【PPT7】说完食欲再说饮欲。饮欲同食欲一样，多数疾病状态下，饮欲是下降或废绝的，如脑病、胃肠病、疼痛性疾病及狂犬病等。狂犬病也叫恐水症，人患此病，有段时间害怕见到水，甚至害怕听到水声。但是动物患狂犬病后是否恐水，就值得商榷了。据郭定宗教授介绍，恐水只是人的一种特异性症状，动物恐水症状，至今还未发现。饮欲增加见于脱水、发热、渗出性疾病、真胃阻塞及食盐中毒等。左图的犬发生乳糜胸，出现饮欲增加的症状。右图是胸腔穿刺后，收集到的胸腔积液。胸腔内的液体，虽在体内，但并未参与血液循环、淋巴循环或细胞内液、组织间液的维持，因此也是一种脱水。脱水就口渴，口渴则饮欲增加。

【PPT8】不同的动物有不同的采食方式：猪张口吞取食物，牛用舌卷食草料，马用唇拔，羊用齿啃。若它们赖以采食的器官损伤，自然就难以进食了。采食与咀嚼异常主要见于咽部以上疾病，如唇、舌、齿的疼痛性疾病，口腔各部分炎症和异物刺入等；也见于慢性氟中毒、骨软症、下颌骨骨折以及某些神经系统疾病。上面两幅图是马和羊的采食方式。下面两幅图是疾病过程，最终导致动物不能采食。其中，左图的犬患有齿病。宠物牙科是现在发展的重要方向之一，许多大城市都开展牙科服务，如洗牙、拔牙、补牙等。去年到北京碰到一位的哥，闲聊中说到她家的狗，洗个牙要3000元，而人洗牙通常百八十元左右。其实，宠物洗牙也不贵，关键是想洗牙得先麻醉，想麻醉就得先做术前检查，这样下来就累积到3000元了。右图是一头马鹿，舌头被铁丝刮伤，几乎齐根而断，仅留一指宽相连，经过两次清洗和缝合才得以痊愈。马鹿虽然圈养，但几乎是半野生的，据说只要有助跑的距离，两米高的围栏也能够轻松越过。这种半野生的动物是不容许人靠近的，每次做治疗，必然先麻醉，否则无法操作。

【PPT9】不是从口腔排出食物都叫呕吐，有的叫反流。呕吐是动物将胃内容物或部分小肠内容物不自主地经口腔或鼻腔排出体外的一种病理现象。而反流是指物质(食物、水、唾液)由口、咽或食管排出的一种病理现象。究其本质，呕吐物是从胃或十二指肠排出来的东西,而反流物多是从食管中排出来的东西,在到达胃之前就折返了。但呕吐与反流在临床上表现相似,有时候并不太容易区分,因此很多情况下把反流也当成了呕吐。实际上,判断是呕吐还是反流很重要,因为呕吐与反流对于确定病变的位置起决定性作用。反流之前无恶心、无干呕,反流内容物均是未消化的食物。而呕吐前一般有恶心、有干呕,呕吐物如果在采食后不久为未消化的食物,如果采食 4~6 h 以后,为消化的食糜、胃酸或胆汁。有的畜主说,我家的狗把两天前吃的东西吐出来了,这几乎是不可能的事情。食物进入胃是有排空时间的,不可能两天后还是原封不动的食物。这种情况实际叫反流,但畜主根本就没听过反流这个概念,只要看见是从口腔内出来的食物、胃酸或胆汁,统一称之为呕吐。呕吐物常为酸性,而反流物多为碱性。

【PPT10】左图为患急性胰腺炎的犬发生了呕吐。呕吐必有腹部的收缩,而反流则没有。右图是患有巨食道症的犬,临床表现为经常将吃下去的食物反流出来,有时甚至能将几天前吃的食物反流出来。患有此病的犬,建议喂食时将食物放于高处,人立而食,可有效缓解反流症状。

【PPT11】呕吐的原因有很多:第一,食入致吐物质,见于地高辛、阿霉素、红霉素、四环素、阿莫西林+克拉维酸和非甾体类抗炎药等。临床上用于治疗的催吐剂有阿扑吗啡、硫酸铜、双氧水等。第二,胃肠道阻塞,见于胃阻塞、小肠阻塞、胃肠急性炎症等。临床上上吐下泻的动物实际并不可怕,最可怕的是只吐不泻的动物。上吐而下泻,说明胃肠一路畅通;只吐不泻,多数情况是胃肠发生了梗阻,尤其是机械性阻塞,非手术不能除其根。第三,非消化道疾病,见于尿毒症、肾上腺机能不全、高钙血症、肝功能不全或肝病、胆囊炎、糖尿病、子宫蓄脓、腹膜炎和胰腺炎等。这些内科病引起的呕吐,最容易忽视,应结合血常规检查、血液生化检查和影像学检查及早诊断。第四,其他原因,见于猫甲状腺机能亢进、手术后恶心、过食和颅内压升高等。有些犬猫不知饥饱,常常在过食后吐一堆狗粮、猫粮。遇到这种饱中枢不发达的动物,一定要定量饲喂,避免因过食而呕吐。图中是犬胃扩张的 X 线片,巨大的椭圆形低密度阴影即为扩张的胃。从这张图片看,仅发生了单纯的胃扩张,并未发生扭转。

【PPT12】口腔检查的内容十分丰富,外有口唇,内有舌牙,上下有腭,左右有龈(齿龈),还有大量的口腔黏膜。口唇主要通过视诊检查,异常情况包括口唇下垂、双唇紧闭、局部肿胀和局部疱疹。口唇下垂见于年龄过大、颜面神经麻痹、霉玉米中毒和下颌骨骨折等。图中的驴可见口唇下垂,其原因是年龄过大。双唇紧闭见于脑膜炎和破伤风等。图中的马驹呈典型的木马症,患的正是破伤风。新生家畜感染破伤风,多经脐带感染。局部肿胀见于马传染性脑脊髓炎、饲料中毒、牛瘟及血斑病等。图中的马头肿胀如河马的脑袋,俗称河马头,是血斑病的一种典型症状。局部疱疹见于口蹄疫、牛瘟、马传染性脓疱口炎等。图中的牛患有口蹄疫,口鼻处有三个水疱。

【PPT13】左图是牛的唾液腺囊肿,口腔侧面有一个碗大的肿胀。中图是坏死杆菌病,口腔侧面有一个较大的肿胀。右图是患有腭裂的牛,饮水时,水从鼻孔反流而出。

【PPT14】流涎是口腔疾病的一个重要症状。当唾液腺受到病原微生物或粗硬饲料刺激时,易导致流涎,见于口炎、吞咽障碍、中毒及神经系统疾病。左图是牛流涎时的表现。右图可以清晰地看到一根缝衣针在食管里,这样会导致吞咽障碍,从而出现流涎。

【PPT15】口腔上皮脱落及饲料残渣腐败分解会导致口腔异味,见于口炎、咽炎、食管疾病及胃肠炎症和阻塞等。左图是犬内窥镜检查结果,可见食道炎引起的食道狭窄。右图也是犬内窥镜检查的结果,可见异物导致食道阻塞。

【PPT16】口腔黏膜属于可视黏膜的一种,主要通过视诊和触诊检查口湿、口温、口腔黏膜颜色和损伤等。口湿增大见于唾液分泌增多的疾病或引起吞咽障碍的疾病。口温升高见于发热性疾病及口腔炎症等;口温降低见于重度贫血、虚脱及濒死期等。口腔黏膜颜色的检查详见可视黏膜检查,这里不再赘述。口腔黏膜损伤见于溃疡及疱疹等。图中所示的均为溃疡,有的发生于上颚,有的发生于舌面,有的是散在的小溃疡,有的是融合的大溃疡。

【PPT17】舌的检查,主要观察其完整性、运动性及舌苔的厚度和颜色。左图的牛,舌伸于口外,呈麻木状态,已经不能收回。牙齿的检查主要观察其整齐与否,晃动与否等。若齿不整,见于骨质增生;若齿晃动,见于矿物质缺乏;若齿有黑斑,称为氟斑牙,见于氟中毒。右图是牛典型的氟斑牙。

【PPT18】左图与中图,牛伸出舌头,并不是为了耍帅卖萌,而是患有放线菌病,舌头变硬,无力收回。右图的犬,发生舌炎,舌前端变黑。舌炎发生时,必然因疼痛和分泌物增多等表现出流涎,以及采食和饮水困难等临床症状。

【PPT19】咽部的检查主要通过视诊和触诊。视诊若发生吞咽障碍,见于咽部阻塞或炎症。触诊时,肿胀及敏感,见于急性咽炎;淋巴结弥漫性肿胀,见于耳下腺炎、腮腺炎和马腺疫;局部肿胀见于牛结核病和放线菌性肉芽肿。图中的犬、马和牛均出现不同程度的吞咽障碍。

【PPT20】食管检查主要检查颈段食管,而胸段食管因深藏于胸腔,一般的检查方法根本没有用武之地。视诊食管,如果发现逆蠕动,见于马的急性胃扩张。触诊食管,如果发现疼痛及痉挛性收缩,见于食道炎;如有硬物,见于食管阻塞。探诊是通过插入胃管的顺利程度,判断阻塞位置的一种诊断方法,也用于胃扩张时排气。左图是食管的触诊方法，食管位于动物颈部左侧。中图是食管探诊，通过探诊确定阻塞的位置。右图显示的是重度扩张的食管。

【PPT21】咽部或食管狭窄、阻塞等，动物就会表现出吞咽障碍。吞咽障碍临床上表现为摇头、伸颈、屡次企图吞咽而终止或吞咽时并发咳嗽及大量流涎，有时鼻孔逆流出混有饲料残渣的唾液和饮水，见于食管阻塞、痉挛或麻痹，咽部狭窄或阻塞等。左图是蓝舌病患牛饮水反流的表现，右图是食管探诊遇到阻塞物的示意图。

【PPT22】消化系统的一般检查，先观察饮欲和食欲，其次观察采食和咀嚼的状态，接着观察有无呕吐、反流等异常表现。最后，可对口腔、咽和食管做进一步检查，以确定疾病发生的部位和性质等。消化系统一般检查可为进一步检查提供方向。

本讲寄语是："筑牢内心的坚强，磨去外在的锋芒。"兽医是属于坚强人的专业，否则无法挽救那些即将逝去的脆弱生命。在工作时间上，几乎没有早晚和节假日之分，动物需要救助时，就是兽医应该工作的时间；在工作强度上，直达兽医能够承受的极限；在工作中压力上，生命固然需要尊重，畜主的情绪也需要照顾。兽医，还要用内心的坚强去包裹医者的仁心。坚强，不是面对无助生命的铁石心肠，而是博爱精神浇灌下的不屈不挠。兽医，不管医术多高，不管诊疗过程中多有理，都要保证谦和的态度、虔诚的信念和谦让的大度，决不能让外在锋芒刺穿诊疗的和谐。筑牢内心的坚强，磨去外在的锋芒，兽医诊疗的每一天都是修炼。

第20讲 马属动物的胃肠检查

【PPT1】我国现代兽医教育从北洋马医学堂开始,从此兽医逐渐走向西医化,到目前为止,动物医学专业中兽医教育已经萎缩成一门普通的扫盲课程。纵观我国古代,从传说中的马师皇开始就主治马病。据考古发现,殷商时期的甲骨就有马病的记载。到了明代,喻本元与喻本亨两兄弟所著的《元亨疗马集》,将马病防治推向高潮。从"北洋马医学堂"这名字来看,也凸显了马病的重要地位。但是,随着养马业的衰退,随着诸多医治马病的老教授、老专家的相继退休或离世,到目前为止能够扛起全国马病大旗的人已经屈指可数了。然而,现代马业的崛起又在呼唤大量的马医,因此我国加强了马兽医培养,以期能够东山再起、卷土重来。现行的兽医教材,但凡涉及马病,基本上都是点到为止,本讲也不例外。

【PPT2】马属动物的胃肠疾病发病率非常高,尤以肠道为甚。马胃小而肠大,因此需要不断采食,才能满足机体的营养需要。民间有"马不吃夜草不肥"的说法,虽然是为了引出"人不得外财不富",但颇有科学道理。牛瘤胃奇大无比,吃上一肚子,静卧、反刍,慢慢消化。马却不同,胃只有一丁点大,只有不断采食才能满足庞大的肠道对食物的要求。马属动物通常包括马、驴和骡,其中马最有灵气,但也最难伺候。驴和骡只要给把草就能养活,而马则需要精心喂养,否则疾病不断。

【PPT3】本讲主要介绍三个方面的内容:一、马属动物胃肠检查概述;二、胃的检查;三、肠管的检查。

【PPT4】马属动物动物胃肠检查主要是为了了解马属动物胃肠的结构与功能、常用的诊断方法以及常见疾病,其中肠管的检查是重中之重。一般检查法有视诊、触诊、叩诊、听诊、问诊和嗅诊,必要时可进行胃导管探诊和直肠内部触诊。直肠检查是马属动物腹部疾病诊断的最有效方法,古人在直肠检查方面留下了宝贵的财富。也可以对胃肠内容物进行实验室检查，对胃肠进行影像学检查等。图中的女兽医正在进行马的腹部听诊。在国外，无论是大动物兽医，还是小动物兽医，女性都占有很大比例。我们目前在读的动物医学专业学生，女生早已过半，许多重点大学已经超过了 2/3。这个曾经属于男人的职业，马上要改朝换代，出现全新气象了。

【PPT5】马的胃位于第 14~17 肋间，中部偏左悬空，相当于髋结节水平线附近。除非胃扩张，否则一般的检查方法都难以触及到胃。视诊时，主要观察动物的一些反应，如果出现打滚、犬坐、起卧和呼吸困难，见于幽门痉挛、急性胃扩张等。如果出现胃部肿胀，分以下两种情况，一是插胃管可缓和腹痛症状，见于胃扩张；二是胃管不能插入，见于贲门痉挛和扭转等。直肠检查通常触摸不到胃，如触诊到胃向后方移动、紧张，见于胃扩张；如果感知到胃内容物黏硬，见于胃积食。图中是马胃肠解剖位置的左侧观，可以明显看到胃小而肠道异常发达。

【PPT6】左图是马急性胃扩张时的图片，可见腹部增大，有腹痛表现。右图是马胃的解剖图。

【PPT7】肠管检查首先可以用视诊，视诊主要观察腹围的大小。腹围增大，生理性的见于长期饲喂粗饲料、放牧或妊娠家畜等；病理性见于肠臌气、胃肠积食和腹水等。图中是马腹围增大及腹痛的表现。据资料记载，几十年前，部队打仗驻扎在一个风沙较大的地方。过了一段时间，部分军马发病，腹围增大，腹痛明显。采用常规治疗方法，均无效果，最后全部死亡。尸体剖检发现，肠子里积有大量的泥沙。军人们百思不得其解，后找到当地一个老兽医，仔细询问下才得知：当地风沙大，马吃草料时，连同沙子一起吞下，时间长了就发生了肠积沙，需要经常给马灌服猪油才能帮助排沙。于是，部队为全体未发病的马灌服了猪油，结果真的排出了大量的沙子。由此可见，猪油不但能解馋，还能治病。治病这件事，并无定法，只有你想不到的，没有你做不到的。腹围缩小见于发热性疾病、慢性病引起的食欲废绝、长期饥饿和剧烈腹泻等。俗话说"人贫志短，马瘦毛长"，实际上马瘦了不仅显得毛长，更显得腹围缩小。

【PPT8】肠管触诊分为外部触诊和直肠触诊，触诊时要密切关注动物的反应，同时也要用心感知肠管的状态。腹壁敏感，触诊时动物表现为躲闪、回视、反抗等，见于腹膜炎。腹壁高度紧张是剧烈收缩所致，见于破伤风、胃肠炎等。腹壁局限性膨大，见于腹壁疝。触诊有拍水音，见于腹腔积液。触诊有坚硬物，见于便秘、肠结石及肿瘤等。

【PPT9】肠管可以进行听诊，大肠音和小肠音在音响特性上不同，在蠕动的频率上也有所差别。小肠音声音明显、清朗，类似含漱音或流水音，每分钟 8~

12次。大家每天早上漱口时可以感受一下，那就是小肠音的体外模拟音。大肠音声音低沉、钝浊，类似雷鸣音或远炮声，每分钟4~6次。下雨听到雷鸣音，看电影听到远炮声时，就要仔细体会，心里要想："呀，这就是大肠音！"学习兽医必须达到疯狂的状态，满眼是动物，处处是疾病，否则成为一代名医固然无望，就是做个普通兽医也会缺乏底气。

【PPT10】当肠道受冷或受化学物质刺激时，听诊会出现肠音增强。肠音增强，给检查者的感觉是声音高朗，连续不断，见于肠痉挛、肠炎、胃肠炎及伴发肠炎的传染病。肠音增强，多是腹泻的征兆。

【PPT11】当迷走神经兴奋性降低时，可导致胃肠道弛缓或者肠段麻痹，这时听诊肠音，会出现肠音减弱或消失。临床上表现为肠音稀少，短促而微弱。见于肠弛缓、长期腹泻、慢性消化不良、便秘、肠阻塞、某些发热疾病等。肠道一旦出现运转障碍，就会发生便秘或肠梗阻。这时兽医最大的愿望是看到马排便，只要一排便说明阻塞已解。没有从事过兽医临床的人，永远体会不到等待动物排便时的心焦，以及看到动物排便时的欢欣。

【PPT12】前面我们介绍过一个词叫皮温不整，这里又出现了一个概念叫肠音不整。肠音不整就是听诊时肠音时快时慢，时强时弱。这种情况通常是腹泻与便秘交替进行所致的，提示肠道功能已经紊乱，见于肠卡他。

【PPT13】金属音这个词我们并不陌生，在心脏听诊时讲过，在肺脏叩诊中也出现过。不论是心脏听诊，还是肺脏叩诊，都是肺空洞所引起的。肠音听诊的金属音与前面讲过的金属音截然不同。肠道听诊金属音也称"铁盘滴水音"，是液体滴到充满气体且很紧张的肠壁上所产生的声音。《长恨歌》中有诗曰："大珠小珠落玉盘。"与这里金属音的产生极其相像。大珠小珠者，液体也；玉盘，肠壁也。不论是珠落玉盘，还是液滴铁盘，其音质都是高朗而清脆的。金属音见于肠臌气。只有肠壁高度鼓胀，才能坚硬如铁盘。

【PPT14】马属动物的胃肠检查，视诊看腹围，触诊观敏感，听诊闻肠音。肠音可强、可弱、可不整，严重时还能产生金属音。肠音增强常见于腹泻，肠音减弱多为便秘或梗阻，肠音不整有时腹泻、有时便秘，难以捉摸。而金属音仅见于肠臌气。

本讲寄语是："食求清淡，居求安静，心求平和，业求精进，体求康健。"上一讲的寄语最后一句话是："兽医诊疗的每一天都是修炼"。修炼固然是为了得到一些东西，如做人的境界与操守，做兽医的技术与思维，但更主要的是为了丢弃一些东西，如心理上的虚荣与物质上的享受。兽医是一个以挽救生命为己任的职业，必须经过长期的严格修炼，才能摒弃那些影响专业进益的无用枝叶。

第21讲　反刍动物的胃肠检查

【PPT1】反刍动物的前胃,对兽医而言,是最特殊的形态。在反刍动物整个消化系统检查中,前胃检查应摆在最重要的位置,因为前胃疾病不但发病率高,而且常常波及其他系统;反过来,其他系统的疾病也常常影响到前胃的功能状态。除前胃外,真胃、肠道、肝脏、胆囊、胰腺等疾病依然存在。反刍动物胃肠检查与其他动物胃肠检查大部分相同,但也有它的特殊之处,为兽医者不得不知。

【PPT2】以牛为代表的反刍动物,瘤胃、网胃、瓣胃和真胃各有特点,因此检查内容与检查方法也存在着较大差别。反刍动物胃的疾病很多,而肠道疾病相对较少,这一点与马属动物胃肠疾病的特点刚好相反。

【PPT3】本讲主要介绍六个方面的内容:一、反刍动物胃肠检查概述;二、瘤胃的检查;三、网胃的检查;四、瓣胃的检查;五、真胃的检查;六、肠管的检查。重点在前胃的检查。

【PPT4】在未介绍正式内容之前,先念四句定场诗:"瘤胃大发易扩张,网胃低小爱受伤。瓣胃居中常阻塞,真胃游离变位忙。"瘤胃、网胃、瓣胃和真胃,每一个胃对应一句诗,每句诗不但说明了其解剖特点,而且点出了常发的疾病。解剖特点不同,常发病各异,检查方法自然有别。

【PPT5】前胃包括瘤胃、网胃和瓣胃,主要有两大生理功能:一是通过胃的蠕动磨碎食物;二是依靠其中的细菌、真菌和纤毛虫进行微生物消化。前胃可以利用简单的含氮物质合成蛋白质。瘤胃细菌还能合成B族维生素和维生素K。所以,反刍动物一般不会发生B族维生素缺乏症。前胃检查主要方法有视诊、触诊、叩诊和听诊。前胃疾病是反刍动物最主要的疾病。真胃内为酸性环境,无纤毛虫,主要检查方法是触诊。由图可知,瘤胃体积最大,网胃位置最低,瓣胃处于中间,真胃活动性最强,至于肠道,所占空间非常有限。从所占地盘来看，也应该看出哪个器官最重要。

【PPT6】瘤胃就是那个所占地盘最大的器官，因此对于反刍动物而言也最为重要。瘤胃位于反刍动物的左侧，几乎占据了整个左侧腹腔。瘤胃最易发生的疾病是瘤胃臌气和瘤胃积食，发生时可见左侧腹部鼓胀，腹部呈两侧不对称，左肷部高高隆起。但究竟是瘤胃臌气，还是瘤胃积食？可通过触诊、听诊和叩诊加以鉴别。触诊时，腹壁紧张，感受不到瘤胃内容物，见于瘤胃臌气；坚硬、指压留痕见于瘤胃积食。听诊时，减弱或消失见于前胃弛缓、瘤胃积食、瓣胃阻塞等。叩诊时，鼓音区扩大见于瘤胃臌气，浊音区扩大见于瘤胃积食。左侧的两张图是瘤胃臌气的症状图片，可见左腹部增大，腹部呈两侧不对称；瘤胃鼓胀，肷窝扁平或突出，有时鼓胀的瘤胃甚至可以超过脊柱。中图是瘤胃听诊的照片，瘤胃蠕动音呈风吹声或沙沙声，牛每分钟1~3次，羊每分钟2~4次。瘤胃一次蠕动音可持续数秒，如风连续吹动，不能误判为多次。右图是病牛瘤胃积食，兽医正在进行洗胃和瘤胃按摩。牛吃草时很不讲究，长舌到处风卷残云，草也好、钉子也罢，一律来者不拒。瘤胃体积大的可以容下一个成年人，些许铁钉根本无伤大雅。然而，这些铁钉或铁丝一旦进入网胃，厄运随之降临。

【PPT7】网胃前靠膈肌，下抵剑状软骨。网胃在四个胃中，位置最低、体积最小、收缩最剧烈。一旦尖锐的金属异物进入网胃，势必破壁而出，穿破膈肌而直抵心包。创伤性网胃心包炎一发，心痛在所难免。都说"西子捧心"是人间最美的形象，而奶牛斜站是牛界最悲催的下场。牛为什么喜欢前高后低般地斜站着？网胃位于左侧第6~8肋间，剑状软骨上方，前缘紧贴膈肌而靠近心脏。通过视诊，若发现牛站立时，两前肢外展，前高后低；或运动时，上坡容易，下坡难，见于创伤性网胃炎、创伤性网胃腹膜炎和创伤性网胃心包炎。尖锐金属异物进入网胃，刺破网胃后，称为创伤性网胃炎；网胃内容物漏入腹腔，引起腹膜炎，称为创伤性网胃腹膜炎；铁钉进一步向前，刺破膈肌，刺伤心包，称为创伤性网胃心包炎。从创伤性网胃炎，经创伤性网胃腹膜炎，到创伤性网胃心包炎，实际上是一种疾病的三个不同过程。只要心包发生创伤性炎症，就会出现心区疼痛；心区一疼痛，牛就喜欢前高后低地站立，喜欢爬坡，因为唯有这样，才会减轻铁钉的扎心之痛。若前低后高或走下坡路，腹腔器官前移，无异于推波助澜、助纣为虐，让铁钉扎得更加猛烈。触诊是网胃检查的主要方法，临床上有多种触诊方法。触诊网胃区只要动物表现出敏感或者说疼痛反应，就能证明此处发生了创伤性炎症。左图是网胃触诊的一种方法，杠子置于网胃区，然后两人同时上抬，观察牛的反应。若挣扎、反抗，说明网胃区敏感。中图是网胃的解剖位置。右图所示区域为创伤性网胃炎时的网胃敏感区。

【PPT8】左图是牛网胃疼痛时的姿势，右图是牛网胃敏感性的触诊方法。我曾经遇到一个奶牛创伤性心包炎病例，临床检查表现和教科书中描述的如出一辙。经进一步的问诊得知，该牛已经妊娠数月，前几天口渴了，下到水渠底去喝水，回来后就感觉不大对劲。创伤性网胃炎的发生一般存在诱因，那就是腹压过大。试想，怀孕数月，腹压已大，再下陡坡而饮渠水，岂不是雪上加霜？老子云："揣而锐之，不可长保。"现在应验了。网胃中原本有铁钉等尖锐金属异物，网胃收缩剧烈，再加上腹压增大等外力，破胃而出是必然之事。四个胃中，网胃最低，金属异物可进而不可退，再加上网胃体积最小，收缩剧烈，所以受伤的总是网胃。

【PPT9】左图是网胃中的铁钉，有两根。右图也是网胃中的铁钉，却有很多根。由此看出，人有时是"捡到篮子里的都是菜"，牛有时是"吃到嘴里的都叫草"，吃的时候潇洒，却常在无意中埋下致命的隐患。网胃检查主要是检查是否存在金属器具引起的网胃疼痛。视诊姿势与运动也好，触诊网胃敏感区也罢，其目的就是为了判断网胃是否疼痛，疼痛则说明有尖锐金属器具引起的创伤性疾病。

【PPT10】瓣胃前接网胃，后通真胃，处于中间位置，因此最容易发生阻塞。瓣胃位于腹腔右侧第7~10肋间，肩端线上下3cm，中点在第9肋间。临床上常用触诊和听诊进行检查。触诊敏感见于瓣胃阻塞或创伤性瓣胃炎。健康牛的瓣胃，听诊有微弱的蠕动音，类似细小的捻发音。听诊蠕动音消失，见于瓣胃阻塞和发热性疾病。左图红色圆圈指示的是瓣胃，中图是瓣胃在体表的定位，中点位于第9肋间和肩端线的交点。右图是羊瓣胃穿刺的准备工作，先剪掉穿刺部位的被毛，然后用碘酊和医用酒精进行消毒和脱碘。

【PPT11】真胃位于右腹部，在四个胃中，位置最靠右后腹部，游离性比较大，常常会滑入瘤胃下面发生真胃左方变位，或因扭转发生真胃右方变位。图中是真胃的位置，位于右后腹部第9~11肋间的肋弓下方，直接与腹壁接触。视诊时，真胃区突出，左右不对称，见于真胃阻塞或真胃扩张。触诊时，敏感见于真胃溃疡、真胃炎、真胃扭转等；坚实、疼痛、呈圆形面袋状见于真胃阻塞；有波动感见于真胃扭转、幽门阻塞和十二指肠阻塞等。叩诊时，鼓音见于真胃扩张。此外，真胃变位时，可用听-叩诊结合的方法进行确诊，即在左肷部听诊，同时以手指轻轻叩击左侧倒数第1~5肋骨或右侧倒数第1~2肋骨，可听到钢管音。

【PPT12】左图为真胃左方变位引起的左下腹部鼓胀，后方视诊可见两侧不对称。右图为真胃右方变位引起的右腹部鼓胀，后方视诊可见两侧不对称。真胃变位多与日粮组成有关。

【PPT13】真胃也可用听诊法进行检查。正常时，呈流水音或含漱声；蠕动音增强见于真胃炎；蠕动音减弱、稀少见于真胃阻塞。左图为扭转的真胃；右图的牛因真胃炎导致严重脱水，可见眼眶明显下陷。

【PPT14】我们再看一下本讲开始的那首定场诗："瘤胃大发易扩张，网胃低小爱受伤。瓣胃居中常阻塞，真胃游离变位忙。"瘤胃体积最大，是用来发酵食物的，最容易因过食或产气发生扩张；网胃位置最低、体积最小、收缩最剧烈，最容易发生创伤性疾病，所以爱受伤；瓣胃处于中间位置，是食物通行的要道，最容易发生阻塞性疾病；真胃在右腹部最靠后的位置，游离性大，最容易发生变位。通晓四个胃的特点及主要易患的疾病，诊断时就容易把握方向，从而选择有效的诊断方法。

【PPT15】反刍动物的肠管检查相对于胃来讲，比较简单，与马属动物的肠道检查有些相像。视诊看腹围，但只能看右侧腹围，左侧全部被瘤胃占据；触诊可观其敏感性；听诊主要辨别肠音的高低强弱。肠音增强见于肠炎、肠痉挛、肠结核和一些寄生虫病等；肠音减弱见于发热性疾病和消化机能障碍等；肠音消失见于肠套叠及肠便秘等。左图的牛视诊腹围增大；中图的肠管发生了套叠；右图的牛腹部呈梨形，是腹腔积液的典型特征。

【PPT16】反刍动物四个胃的检查，瘤胃和网胃在左侧，瓣胃和真胃在右侧。至于肠道，基本上都分布在右后腹部。四个胃的特点在定场诗中已经说得很明白了，这里不再赘述。反刍动物重在反刍，我们有时也应该像反刍动物一样，每天把所学过的知识、所经历的事情仔细咀嚼一遍，这样我们就会吸收更多的营养，产生更多的正能量。

本讲寄语是："没有勤奋，再高的天分都是牛粪。"我对上课迟到的同学总是疾言厉色，一副恨铁不成钢的样子。因为，我怎么也想不明白，上午10点上课怎么还能迟到？这个时间点应该是起床两三个小时之后了吧。年轻人觉多是自然现象，但我仍固执地认为上课迟到纯粹属于懒惰，属于缺乏自律的人生荒废。纵观古今中外，凡成大事者，均是异常勤奋的人。天分虽然也十分重要，但不辅以勤奋，基本上就是遭人唾弃的牛粪。有天分，有勤奋，事业必将打成；没天分，有勤奋，人生也能成功。再说，天分这东西，少数来自天生，多数源自勤奋土壤的培植。勤奋自律者，不管人生的轨迹如何弯曲，总能走向成功。

第 22 讲　犬、猫的胃肠检查

【PPT1】犬、猫已经成为当今社会宠物的代名词，同时也是小动物或伴侣动物的代名词。很多同学选择动物医学专业，也是奔着犬、猫等小动物而来的。小动物医学的发展，让兽医在设备上直追人医，在技术上突飞猛进。宠物行业的发展，让原本看门的狗、抓老鼠的猫变得无所事事；整天好吃好喝的伺候着，让犬、猫的胃肠不堪重负。无事而养尊，贪吃而处优，胃肠疾病的发病率自然居高不下。

【PPT2】犬、猫的胃肠检查在宠物临床上是最重要的一个环节。目前，犬、猫的胃肠检查多种多样，除了"六诊"之外，连做生化、测血糖、拍片子、做超声都成为常规检查。但是，不论有多少检查手段，有多少精良设备，临床基本检查仍是诊断的先锋部队——逢山开路，遇水搭桥，将诊断范围缩至最小，从而更好地发挥现代诊疗设备的作用。

【PPT3】本讲主要介绍四个方面的内容：一、犬、猫胃肠检查概述；二、胃的检查；三、肠管的检查；四、肛门腺的检查。

【PPT4】小动物的腹壁比较薄，可以充分应用视诊、触诊、叩诊和听诊等一般检查法，尤其是触诊。触诊可采用单手触诊，也可采用双手触诊，不论是哪一种触诊方式，其目的都是为了感知内部器官的位置、形状、大小和硬度等。图中是猫腹部的单手触诊法。除此之外，还可以进行胃镜检查、胃内容物检查、X线检查、超声检查和开腹探查等。胃肠的影像学检查，对于疾病的诊断有着十分重要的意义。

【PPT5】胃视诊时，主要看腹围的大小。腹围增大见于胃扭转、胃扩张和胃肿瘤等；腹围缩小见于长期饥饿和营养不良。左图是胃的解剖图。犬和猫的胃在体内的位置有所差异。犬的胃基本上与脊柱垂直，幽门横过脊柱，位于腹腔右侧；而猫的胃几乎与脊柱平行，位于腹腔左侧，幽门基本上处于脊柱的位置。

总结一下就是"犬胃横而靠右，猫胃纵而居中"。右图是犬胃内充满气体的影像，只不过胃内气体不是疾病导致的，而是通过胃管注入，胃管在胃中的影像清晰可辨。在胃内注入气体是X线检查的一种造影方法，片中可清晰显示存在气体充盈缺陷的胃肿瘤。

【PPT6】猫与小型犬的胃较易触诊，触诊时可以明显感知到胃内容物的状态。触诊时，若胃胀满、坚实，见于急性胃扩张；若胃区敏感、疼痛，见于胃内异物、胃扩张、胃卡他、胃炎和胃溃疡等。左图是犬胃内异物的影像，异物是无数块小石子组成的大石堆。中图是犬胃扩张-扭转的影像，可以明显看到扩张的胃中间存在"架"的结构。右图是犬单纯的胃扩张，胃呈扩张的椭圆形，不存在"架"的结构。

【PPT7】犬、猫胃的叩诊采用指指叩诊法。正常时，空腹为鼓音，采食后为浊音。浊音区扩大见于实质性胃扩张；大面积鼓音，见于急性胃扩张。左图显示胃内有大量异物，中图超声检查证实胃内有未消化的狗粮，右图显示胃内有结石样物质。

【PPT8】犬、猫的胃也可以使用探诊，选择合适口径的胃管，经口腔插入胃中。若排出酸臭液体，见于急性胃扩张。若胃管停于贲门，见于胃扭转。左图是犬单纯性胃扩张的影像，胃中充满了气体，在X线片中呈黑色。中图是犬插胃管之前进行的长度预判，以免插入过深，损伤胃壁。右图是犬胃扭转-扩张综合征，X线片中可见明显的"架"状结构。

【PPT9】左图是犬经口腔插入胃管的方法。可用带有圆洞的纸卷代替开口器，在胃管测量好长度的位置用胶带做好标记，以免插入过深。右图是猫经鼻腔插入胃管的方法。

【PPT10】犬、猫肠管视诊主要看腹围的变化。腹围增大见于肠臌气、便秘、肠梗阻及腹腔积液等；腹围减小见于急性腹泻、慢性肠卡他及长期营养不良。左图是肠便秘的X线征象，可见肠道内充满粪便，导致腹部扩张。中图是猫便秘时表现出的症状，腹围增大。右图犬可见肠道积气呈"砾石征"，是典型的肠梗阻征象。

【PPT11】对于猫、幼犬或小型犬而言，触诊是检查肠管最有效的方法。触诊有坚硬腊肠状粪条或粪块，见于肠便秘；触诊坚实、有弹性、呈弯曲的圆柱状肠段，见于肠套叠；触诊有波动感，见于腹腔积液。左图X线片中，可明显看到肠腔积气，同时可以看到一高密度阴影，可能是肠道异物。肠道异物与肠道积气同时存在，提示动物患有肠梗阻。中图是手术打开腹腔的图片，可以明显看到发生了肠套叠，即一段肠管套于另一段肠管之中。右图是腹腔积液的X线片，可以看到充气的肠管漂浮在液体之中。腹腔积液常使腹部影像呈毛玻璃样。

【PPT12】肠管听诊，主要用于确定肠音的性质。肠音不整见于肠卡他，金属音见于严重的肠臌气。图中三犬，均有腹泻症状，而腹泻时肠音增强、频率增加。腹泻对于幼龄犬、猫来说，一定要引起足够的重视，否则会迅速恶化，脱水而死。

【PPT13】左图显示犬幽门异物，中图显示犬小肠异物，右图显示犬肠道积气扩张。小肠扩张，直径达到第2腰椎高度的3倍时，即可确诊为肠梗阻。肠道发生阻塞时，临床上多以顽固性呕吐为特征。

【PPT14】左图显示小肠内有一异物，怀疑是绳结编成的手链，后经手术证实，怀疑是完全正确的，其形状就如同中图的手链。右图是小肠异物，该异物密度大，与石头相当。肠道疾病多通过触诊进行初步诊断，然后采用X线检查和超声检查进行确诊。

【PPT15】狗有一些很奇怪的行为。如左图所示，有的狗经常在地上磨屁股：屁股着地，两前肢撑着往前走，屁股则在草地上嚓嚓作响。还有一种更为怪异的行为，不知大家注意到没有。如右图所示，狗一见面，不是点头哈腰，不是握手拥抱，而是彼此闻闻对方的屁股。有的磨屁股，有的闻屁股，狗屁股上到底隐藏着怎样的秘密？

【PPT16】肛门腺是犬的"气味腺体"，呈球形，位于肛门黏膜与皮肤交界处，如图所示，一边一个，通常在4点钟和8点钟方向。肛门腺开口于肛门两侧下1/3处，具有分泌灰色和褐色含有小颗粒的皮脂样分泌物的功能。这种皮脂样分泌物，可以散发出一种气味，相当于狗的身份二维码。狗见面后，在对方屁股后面一闻就能识别对方或者记住对方。"哦，你不是隔壁老张家的吗？""是呀，你是对门老李家的吧？"识别后，就能进行愉快的聊天。肛门腺分泌的奇臭物质，不单单是一种信息素，而且有润滑肛门的作用，这东西一旦不分泌，干燥的粪便就会刺痛肛门，导致狗不愿意排便。其实，狗也不是真的不想排便，而是每当排便时，干燥的粪便都会把直肠黏膜磨得生疼，何苦去受那个罪？越不排便便越干，便越干越排不出便，恶性循环的结果就是严重便秘，甚至到了需要手术取粪的程度。肛门腺需要人工护理，即每次洗澡时，帮狗挤一挤，要不然很容易发炎。发炎之后就会毫无节操地去磨屁股，很丢主人的脸。患肛门腺炎病犬表现为烦躁不安，咬尾，触摸臀部时异常敏感，常在地面摩擦肛门或舔肛门区。有时候，肛门腺也会破溃，见于肛门管阻塞。

【PPT17】肛门腺也称为肛门囊。左图为肛门囊破溃。中图为挤肛门囊所用的耗材，有纱布、润滑剂和乳胶手套。右图为挤肛门囊时的保定方法。确实的保定，才能保证操作的成功。

【PPT18】图中所示为挤肛门囊的方法。在 4 点钟和 8 点钟方向找到肛门囊，食指伸入直肠，触摸到肛门囊内侧，拇指在外面触摸肛门囊外侧，两手指同时用力，便可挤出分泌物。

【PPT19】图中所示也是挤肛门囊的方法。挤出的分泌物用纱布擦掉。挤肛门腺属于犬日常护理内容，不用太勤，每次洗澡挤一下即可。

【PPT20】犬、猫的胃肠检查，先以临床基本检查法初步诊断，后用实验室诊断法和特殊诊断法予以确诊。由于犬、猫个体较小，能够充分发挥各种诊断法的作用。犬和猫虽然经常划为一类，但实际上犬是犬，猫是猫，二者之间还是有很大的差别。无论是性情脾性上，还是疾病类型上，都有很大的不同。犬是人忠诚的伴侣，临床诊疗相对来说容易操作；猫是世上的精灵，各种临床法应用起来总是缚手缚脚。猫医院、犬医院的分家只是时间问题。猫病学将在未来的兽医领域占有越来越重要的地位。

本讲寄语是："梳理思路就是开辟新路。"思路这东西不是天然畅通的水路，而是人工开凿的运河。及时地挖掘，及时地梳理，才能贯通思路的运河，才能沟通天然的水系，使人生得到感悟，使心灵得到顿悟。梳理思路是积极思考的过程，是将各种杂乱的想法堆砌到草纸上推理演算的过程，当思路豁然贯通，心灵突然点亮的那一刻，一条崭新的成功之路便呈现在眼前。

第 23 讲　直肠检查

【PPT1】直肠检查是兽医特有的检查方法，将手伸入大动物的直肠，不仅可以感知直肠内部的状态，而且可以隔着直肠间接触诊腹腔的各种器官，如胃、脾、肠管、左肾、输尿管、膀胱、子宫、卵巢、腹壁、腹主动脉等。消化系统、泌尿系统和生殖系统三个系统器官的位置、大小、形状、硬度和敏感性等，是直肠检查的主要内容。直肠检查属于一种间接的内部触诊，准确的诊断建立在熟知各个脏器的位置、形态及病理变化上。

【PPT2】直肠检查的对象为大动物，因其直肠能够容纳检查者的手臂，可通过手臂的自由探寻去寻找可疑的病变。小动物也可以进行直肠检查，但由于直肠肠腔的限制，仅能深入一指进行检查，称为指检。指检的检查范围极其有限，仅能对直肠部分进行检查，而对腹腔器官毫无办法。直肠检查如同在黑暗中摸索猎物，需要不断的练习和实践才能掌握。就大动物而言，现代诊疗设备再先进，也不如直肠检查来得方便，来得准确。

【PPT3】本讲主要介绍四个方面的内容：一、直肠检查概述；二、马的直肠检查；三、牛的直肠检查；四、小动物的指检。

【PPT4】直肠检查是将手深入直肠内，隔着直肠壁对腹腔和盆腔器官进行触诊的一种检查方法。目的是感觉器官或病变的位置、形状、大小、硬度和敏感性等。直肠检查可进行发情鉴定、妊娠诊断、腹痛病诊断和隔肠破结。其中，前三种用于诊断，最后一种用于治疗。小动物进行直肠指检，用来判断直肠有无疾病及疾病的性质。直肠检查前，要先对动物进行确实的保定，如图所示。至于动物如何保定，人员如何准备，在实验课中会进行详细的讲解与示范。

【PPT5】先来看马的直肠检查。在手臂未伸入直肠之前，先观察肛门及其周围的状态。肛门周围有粪便、血液或寄生虫，见于腹泻、消化道出血和肠道寄生虫感染等。左图所示，马肛门周围布满粪便，是腹泻的征兆。观察完肛门周围，再进一步察看肛门括约肌。肛门括约肌紧张见于肠阻塞，弛缓见于老龄、长期腹泻及脊髓麻痹等。对于母畜而言，如图所示，不但要察看上面的肛门，还要顺带检查一下下面的阴门。做好外围的视诊工作，就可以将手深入直肠进行检查了。

【PPT6】直肠是直肠检查唯一可以直接感知到的器官，而且感知的主要是直肠内壁的黏膜。直肠部膨大、空虚，见于肠便秘。有人也许会说，都便秘了，怎么直肠还空虚？那是因为粪便主要发生在结肠，还未运行至直肠。直肠紧锁、有大量浓厚黏液蓄积，见于肠变位。肠变位发生后，肠腔发生机械性阻塞，粪便转运通道被堵，因此只能感觉到分泌出来的黏液。此时，动物若要排便，必然呈里急后重的姿势。直肠温度增高，见于直肠炎。直肠中出现血液且为鲜红色，见于直肠黏膜出血或直肠破裂。直肠阻塞，见于肠便秘，这时的便秘属于直肠便秘。

【PPT7】对母马进行直肠检查时，直肠下方即是子宫。子宫角膨大、有波动感，见于妊娠或子宫蓄脓。中图是马的分娩过程，胎儿的头蹄已经娩出。绕过子宫，可以触诊到膀胱。膀胱位于骨盆底部，无尿，如梨形，很难触诊到；积尿时，膨大如水袋，很容易触诊到，见于膀胱括约肌痉挛、膀胱麻痹、尿道阻塞及结石等；触诊膀胱有压痛反应，见于膀胱炎。小结肠大部分位于骨盆口前方左侧，游离性很大，易发生阻塞性疾病。

【PPT8】左下大结肠，较粗且有纵带及肠袋；右上大结肠，较细无肠袋，内容物呈捏粉样。左腹侧或左背侧有坚硬结粪，见于左侧大结肠阻塞。中图就是大结肠阻塞表现出的腹痛症状。拨开众肠，向左触诊，可以触诊到左腹壁。左腹壁正常时光滑，若粗糙有疼痛感，见于腹膜炎。

【PPT9】脾和胃一般很难触诊到，除非发生胃扩张。脾沿腹壁向前至最后肋骨部触诊脾脏后缘，呈扁平镰刀状。明显后移，见于胃扩张。脾与胃相连，触诊到脾，通常不是脾增大的原因，而是胃扩张的结果。胃位于左肾下方。摸到后壁紧张而有弹性，见于气滞性胃扩张；触之坚硬、压之有痕，见于食滞性胃扩张。

【PPT10】在椎体下方，稍偏左的位置，可以触诊到不断搏动的腹主动脉。在腹主动脉左侧，第2~3腰椎横突下方，可以触诊到左肾。肾肿大并有压痛反应，见于急性肾炎。右肾由于位置靠前，通常触摸不到。

【PPT11】沿腹主动脉向前，一物垂吊，便是前肠系膜根。若紧张、变向、剧痛，见于肠变位。十二指肠位于肠系膜根部之后，正常时不易摸到。右肾附近有手腕粗、表面光滑、质地坚硬、呈块状或圆柱状、触之压痛的肠管，见于十二指肠阻塞。

【PPT12】胃状膨大部位于右上大结肠与小结肠连接处，盲肠底前下方。腹腔右前方有随呼吸而前后运动的半球状阻塞物，见于胃状膨大部阻塞。往右肷部方向触摸，可以触诊到盲肠。若摸到盲肠充满粪便，见于盲肠阻塞。为了便于检查，有人将可以通过直肠检查触摸到的器官按其位置分为5组，分别是盆腔组，包括肛门、直肠、膀胱和子宫；左腹后组，包括小结肠、左侧大结肠和左腹壁；左腹前组，包括脾、左肾和胃；腹中组，包括腹主动脉、前肠系膜根和十二指肠；右腹组，包括胃状膨大部、盲肠和右腹壁。右腹壁检查与左腹壁检查相同。

【PPT13】马的直肠检查就为大家介绍到这里，现在来学习一下牛的直肠检查。牛的直肠检查有些与马相同，这里不再赘述。检查时，首先进入直肠。直肠内空虚而干涩，见于肠便秘；直肠内有大量黏液，见于肠变位。向左侧触摸，全部是瘤胃。瘤胃体积增大，充满坚实的内容物，见于瘤胃积食；瘤胃背囊明显右移，见于真胃左方变位。

【PPT14】与马一样，右肷部是盲肠。触诊时若感觉有一高度积气的肠段横于骨盆腔入口的前方，见于盲肠扭转；在盆腔口前方不能触摸，见于盲肠折转。继续向前下方触摸，可以触诊到结肠。若结肠内容物坚实而有压痛反应，见于结肠便秘。

【PPT15】空肠与回肠位于腹腔底部。如触诊到手臂一样的肉样肠段，见于肠套叠；触摸到螺旋状扭转部且病畜有疼痛反应，见于肠扭转。直肠下方是膀胱，如果是母牛，中间隔着阴道和子宫。膀胱异常膨大，见于膀胱结石、膀胱括约肌痉挛及膀胱麻痹等；膀胱空虚无尿，见于膀胱破裂；膀胱有压痛反应，见于膀胱炎。

【PPT16】在左侧第3~5腰椎横突下方，可以触诊到牛的左肾。牛是有沟多乳头肾，感觉非常明显。若左肾肿大且触诊敏感，见于各型肾炎。卵巢位于肾的附近，临床上常通过触诊卵泡的发育程度进行发情鉴定。子宫在直肠的下方。触诊子宫可以进行妊娠诊断。如果感知直肠下有螺旋形扭曲，见于子宫捻转。牛的直肠检查，相对于马而言，稍显简单。左侧只有瘤胃和左肾，其余脏器均在右侧。

【PPT17】因小动物的直肠较小、较细，只能伸入手指进行检查，简称指检。检查时，需戴手套，涂抹润滑剂。主要检查肛门的紧张度、肠壁硬度和润滑度、直肠内容物的物理状态等；也可检查骨盆和荐骨的轮廓；此外，可检查尿道、动脉、膀胱颈、雄性的前列腺和雌性的阴道等。

【PPT18】左图是猪的指检，检查结果为直肠狭窄。中图为绵羊的直肠脱和阴道脱。直肠脱发生时需要进行指检，以确定是直肠脱还是直肠套叠。右图是猪的体温测定。体温测定不是单单地测定体温，还可以感知直肠的状态，还能通过体温计带出的粪便，进行初步的粪便检查。

【PPT19】直肠检查是大动物的一种特殊触诊方式，在兽医临床上应用十分广泛。直肠检查不仅可以进行发情鉴定、妊娠诊断和腹痛病的诊断，还能进行隔肠破结，治疗便秘。直肠检查需要通过长期的实践，才能够完全掌握。

本讲寄语是："可数年无出路，不可一日无思路。"出路这东西，有时需占满天使、地利、人和，方能实现。而思路则不同，懂得借鉴，学会品味，就能偶得一二。思路，是天马行空、任意为之的东西，只要有大脑存在，就有思路出现。出路则不然，只有当思路切合实际时，才可能出现。我们常常担心我们的出路，却很少在思路上下功夫，可以说缺乏思路的出路只是妄想。理清思路，认清现实，出路之门自然会豁然而开。当出路之门久久不开时，只能说明思路的经纬还没有部署完全。读一本书，记录一条思路；听一次讲座，积累一条思路；经历一件事，感悟一条思路；与人闲谈，迸发一条思路；闭目凝思，梳理一条思路。思路是随着生命的奔流不断涌现出来的，只要搜而集之，集而广之，出路即在眼前。

第 24 讲　排粪动作及粪便检查

【PPT1】唐太宗李世民有句名言："夫以铜为镜，可以正衣冠；以史为镜，可以知兴替；以人为镜，可以明得失。"根据这句话的意思，后来就形成了一句成语叫"以史为鉴"，史是历史，鉴是镜子。在兽医领域里，我提出了"以屎为鉴"，这里的屎是屎尿的屎。没有亵渎古人的意思，就是想说明，在兽医领域，粪便检查极其重要，就像一面镜子一样，能够反映出很多疾病的本质。以后我要写一部科普书籍，就叫《以屎为鉴》，介绍通过粪便察看疾病的方法。

【PPT2】动物不同，排便姿势各异。有的须下蹲，有的可边走边排。当有一天，排便姿势突然改变了，原本要下蹲，结果怎么都蹲不下，那就要找原因了。此外，每种动物的粪便都有自己特有的形状，如果有一天，形状改变了，可能也是疾病因素导致的。排粪次数的增减，粪便性状的改变，粪便颜色的变化以及粪便中混杂物的出现，都是异常情况，都需要进一步查明原因，这就是粪便检查的意义，也是"以屎为鉴"的意义。

【PPT3】本讲主要介绍两个方面的内容：一、排粪动作的检查；二、粪便的感官检查。

【PPT4】当粪便在直肠中聚集时，引起对直肠壁的机械性刺激，产生的冲动由盆神经传入到荐部脊髓，再上升到大脑皮层，引起排粪动作。不同的动物，其排便姿势不同。马、牛、羊排粪时，背腰拱起，后肢稍开张并略向前伸，其中牛和羊可以在行进中排粪。犬排粪采取近于坐下的下蹲姿势。图中是老虎的排便姿势，近似于犬。老虎虽为百兽之王，排便姿势也没有什么特殊之处，该蹲时蹲，该用力时用力。排粪次数和排粪量与动物的采食量及饲料种类有关，排除生理性因素就为病理性情况。

【PPT5】排粪发生障碍时，有五种典型的表现，即便秘、腹泻、里急后重、排粪带痛和粪便失禁。便秘是指动物排粪费力，次数少或屡呈排粪姿势而难于排泄。说得通俗一点，就是肚子里有货却排不出来，见于发热性疾病、胃肠弛缓、瘤胃积食、瓣胃阻塞及马属动物的腹痛症等。粪便长期处于肠道，水分被进一步吸收，排便就会越来越困难。严重的便秘，需开膛破肚，通过手术的形式将粪便取出。左图是犬便秘的表现，呈下蹲姿势，全身肌肉感觉都在用力，但是什么也排不出来。人生最大的痛苦不是吃不下去，而是排不出来，我想狗也应该一样。中图X线片显示，肠道内充满坚硬的粪球，这是典型的便秘征象。右图是马发生便秘，排粪时表情痛苦，此外尚可见躺卧、回视，而躺卧和回视是腹痛的典型表现。此时马若能排粪，会是兽医最高兴的事情。不要以为视金钱如粪土就是高尚，这时的粪土远远胜于金钱。

【PPT6】与便秘恰恰相反，腹泻是排便次数多，排便极其容易，甚至身不由己，而且排出的粪便失去了原有形态，呈粥样或水样，见于肠炎及引起肠炎的各类传染病、寄生虫病和中毒病等。左图是牛的水样腹泻，而不是排尿，若尿液如此，早就一命呜呼了。中图也是牛的腹泻，排出的粪便呈水样，而且形成了一道急流，大有"飞流直下三千尺"的壮观。右图的新疆卡拉库尔羊，排泥炭一样的粪便，是钼中毒的典型症状。怎么知道它是钼中毒的？因为这是我的实验羊，每天喝高钼饮水，焉有不中毒之理。便秘屎干，腹泻粪稀；便秘努力无果，腹泻身不由己，这就是二者的本质区别。

【PPT7】腹泻用俗话讲都是拉稀屎，但从专业角度分，屎的来源是不同的。稀便主要来源于小肠称为小肠性腹泻，稀便主要来源于大肠称为大肠性腹泻。在临床上，区分小肠性腹泻和大肠性腹泻有着重要的意义，可进一步缩小诊断的范围，对治疗也有重要的指导意义。小肠性腹泻常见体重下降，而大肠性腹泻却基本上看不到体重的变化，这是一个重要的鉴别点，所以每天测量体重也是有重要作用的；小肠性腹泻，只要动物不呕吐，基本表现为食欲旺盛，而大肠性腹泻在食欲上却没有太多的变化；小肠性腹泻时，肠蠕动频率基本无变化，而大肠性腹泻时，肠蠕动频率多半会显著增加；小肠性腹泻的粪便量很多，而大肠性腹泻反而有减少的可能；若粪便中带血，小肠性腹泻中的血液一般为暗红色，甚至黑色，而大肠性腹泻中的血液多为鲜红色；小肠性腹泻一般无黏液，而大肠性腹泻有黏液；小肠性腹泻基本上看不到里急后重的症状，而大肠性腹泻却常表现为里急后重。那么，什么是里急后重呢？稍后为您揭晓。不论是小肠性腹泻，还是大肠性腹泻，都可能导致动物呕吐，但小肠性腹泻出现呕吐的概率更大一些。根据以上鉴别要点，可正确区分小肠性腹泻和大肠性腹泻。

【PPT8】刚才提到里急后重，现在来谈谈这个问题。所谓里急后重，就是动物频取排便姿势，并强力努责，但仅排出少量粪便。用通俗的话说就是"肚子无货强努责",但最后只能以排出一些黏液作罢。便秘是肚里有货排不出,里急后重是肚里无货强行排,虽然最终结果可能都是"占着茅坑不拉屎",但其本质是截然不同的。里急后重见于直肠炎及肛门括约肌疼痛性痉挛、犬肛门腺炎。实际上,任何肠道梗阻都可能导致里急后重。左图是牛的里急后重,举尾、下蹲排便,用了很长时间,最后却以排出少量稀便或黏液告终。中图是犬的肛门腺炎,此病发生后,多表现里急后重。右图是挤肛门腺的方法,当肛门腺发炎时,应充分挤出里面的分泌物。

【PPT9】排粪应该是一种畅快的感觉,但有时候却能引起杀猪般的嚎叫。排粪时呈现疼痛不安、惊恐、呻吟和拱腰努责的表现,称为排粪带痛,见于腹膜炎、直肠损伤、创伤性网胃炎、尖锐异物、无肛和肛门堵塞等。排粪是需要用力的,当腹膜炎等疾病发生时,用力则痛,所以就害怕排便。但是越害怕排便,粪便停留在直肠中时间就越长,时间越长水分就丧失的越多,水分丧失的越多,排便就越难,排便越难就越痛。左图的犬,排便时发出痛苦的嚎叫,这是排粪带痛的典型表现。中图是猫的直肠脱垂,往往是因为排便困难,强烈努责后导致的。右图是对肛门损伤的缝合。排粪带痛时,一定要全面排查,找出痛点,然后对因治疗。

【PPT10】排粪带痛实际上不是粪便的问题,而是排粪的通路上或者排粪的使力点出现损伤。还有一种更为严重的情况,叫排便失禁,就是动物不采取排便姿势而粪便不自主地排出体外的现象。排便已经到了不能控制、不受控制的地步,见于荐部脊髓损伤和炎症以及大脑性疾病等。左图是猫的排便失禁,中图是袋鼠的排便失禁,右图是猪的排便失禁。濒死期的动物,通常会出现粪尿失禁。便秘、里急后重和排粪带痛都属于排便困难,但本质不同:便秘是粪便很多排不出去,里急后重中粪便很少没有东西可排,排粪带痛不是粪便的问题而是负责排粪的组织发生损伤。腹泻与排便失禁,是太容易排粪,但本质也不同。腹泻是能够感知到排便,但不好控制,排便失禁是根本感觉不到要排便,更控制不了排便。

【PPT11】排粪动作的检查就为大家介绍到这里,接下来看一下粪便的感官检查。每种动物的粪便都有其固有的形态,但是极易受到饲料和饮水的影响。粪便干燥有形,还是稀软无态,有三个方面的决定因素。第一,饲料种类。颗粒饲料、固体饲料,粪便干燥有形;青绿饲料,粪便稀软无形。这是因为饲料的含水量不同而导致的。第二,饲料含水量。饲料含水量越大,粪便越稀;含水量越少,粪便越干。第三,饲料脂肪和纤维素含量。脂肪含量越高,粪便越稀软无形;纤维素含量越高,粪便越干燥有形。图中是各种饲料的形态,有颗粒饲料,有青绿饲料,有干稻草。夏天的时候,动物园常给动物们喂食西瓜,主要目的是为了防暑降温，但在一定程度上也影响了粪便的形状和硬度。

【PPT12】健康动物的粪便形态不尽相同，如图所示，马粪呈圆块状，牛粪呈叠饼状，羊粪呈球状，犬、猫粪便呈圆柱状，家禽粪便呈圆柱状、细而弯曲、外覆一层白色尿酸。当形态和硬度改变时，首先考虑生理性因素，排除生理性因素后则要考虑病理原因。

【PPT13】左图是钼中毒绵羊排出的稀便，中图是巴贝斯虫感染牛排出的螺旋形粪便，右图是犊牛轮状病毒感染后排出的黄色稀便。

【PPT14】图中所示，均为胰腺外分泌不足患犬所排出的粪便，不论是黄色的，还是红色的，均是富含脂肪的粪便，称为脂肪便。

【PPT15】健康动物的粪便带有臭味，但不是恶臭，如左图巴哥犬所排粪便。但是在一些疾病状态下，粪便就可能变得臭不可闻，见于犬细小病毒病，如右图所示。

【PPT16】粪便中的混杂物常为诊断提供重要信息。混有黏液，见于胃肠卡他、肠阻塞和肠套叠等；混有黏液膜，见于黏液型肠炎；混有伪膜，见于纤维素性坏死性肠炎；混有血液，见于胃肠出血性疾病；混有脓液，见于直肠有化脓灶或肠脓肿破裂。

【PPT17】在兽医临床上，一定要密切关注动物排粪动作和粪便的颜色、性状及混合物等。"以屎为鉴"是很有道理的，在临床上磨炼越久，体会越深。便秘、腹泻、里急后重、排便带痛和排便失禁等，一定要鉴别清楚。另外，对粪便的形状、硬度、颜色、气味和混杂物一定要高度敏感，否则就可能错失很多重要的诊断信息。

本讲寄语是："因岁月剃度，为梦想出家。"随着年龄的增大、学问的增高，头发却越来越少，大有剃度为和尚的趋势。真的剃度就不必了，毕竟甩不掉自己的专业、自己的梦想。但为了梦想丢掉一些不必要的累赘却是十分必要的，如过于追求名利的虚荣心理，抽烟喝酒的不良嗜好，好吃贪睡的懒惰毛病，这头原本就不十分漂亮的头发。头发一去，省却了梳子、省却了洗发水、省却了理发时间，反倒有了更多的学习时间。抛却无发的烦心，丢弃与梦想无关的爱好，像出家人一样拥有自律，拥有慈悲，拥有普度一切生命的赤诚。

第25讲　排尿动作及尿液的感官检查

【PPT1】民间有一句骂人的话叫"撒泡尿照照",如果放到兽医临床诊断里面,这绝对是一句正儿八经的诊断语言。"撒泡尿照照",不是照我们自己脸上有没有污点,而是把尿液放到光线好的地方、放到显微镜下、放到尿液分析仪里面,照一照里面有什么诊断信息。照完之后,蓦然发现,尿液真的是一面照妖镜,能够让许多致病因素无所遁形,现出原形。

【PPT2】不同种类的动物、不同性别的动物,排尿方式大不相同。就某一类动物而言,排尿方式基本相同,有朝一日你发现它的排尿方式突然改变了,要么是长大了,要么就是生病了。尿液也是如此,量的变化、次数的变化、颜色的变化、气味的变化、透明度和黏稠度的变化都包含有重要诊断信息。人们常说一滴水能反射出太阳的光辉,对于一名合格的兽医来讲,一滴尿能反映出疾病的本质,关键在于你是否有洞察一切的火眼金睛。

【PPT3】本讲主要介绍三个方面的内容：一、泌尿系统疾病概述；二、排尿动作的检查；三、尿液的感官检查。

【PPT4】泌尿系统由肾、输尿管、膀胱及尿道组成,其主要功能是排泄。除此之外,还有维持体液平衡、调节水盐代谢和酸碱平衡的重要作用。如图所示,通过X线造影技术,可以清晰地观察到左肾、右肾、输尿管以及膀胱。泌尿系统主要的临床检查法有视诊、触诊和尿道探诊；主要的实验室检查法有肾功能检查、尿液的化学检查和沉渣检查；主要的特殊检查法是X线检查和超声检查。超声对于泌尿器官的检查具有重要意义,因为像膀胱和肾脏这样的泌尿器官非常容易扫查,而且图像质量也非常高。

【PPT5】动物种类不同、性别不同,其排尿方式也不同。母牛和母羊,先后肢展开,接着下蹲、举尾、背腰拱起,才能开始排尿。公牛和公羊在所有动物中最为潇洒,可随时随地的排,运动中也不受任何影响。马就不同了,王者气质,摆够了谱,才能排尿。马不论公母,都是前肢略向前伸,腹部和尻部略向下沉,吸气后停止呼吸,开始排尿。稍一运动,排尿立即中断。猫是比较讲究的动物,一般不随处撒尿,需先找猫砂。母犬和母猫先下蹲,然后开始排尿。公犬和公猫,尤其是公犬,有时候看起来非常讨厌,先将一后肢翘起,将尿液排于其他物体上。最可气的是它不一次撒完,这儿撒一点,那儿撒一点,到处做标记、占地盘。公犬小的时候,排尿姿势与母犬相同,如果有一天开始找电线杆子了,说明成年了。左图是小母牛的排尿姿势,"下蹲、举尾、腰背拱起",这一连串动作大家一定要记清楚,否则在实验课中容易被尿液喷溅一身。中图是公马的排尿方式,"前肢伸、尻部沉、吸气之后还要停",然后开始排尿。右图是公犬的撒尿方式,翘起一腿,将尿撒在写有"BUSH"的牌子上。如果有一天,撒尿时不抬腿了,首先要考虑是不是腿有问题了。

【PPT6】排尿量、排尿次数、排尿顺畅程度等变化,都是属于排尿障碍。先来看频尿和多尿,"频"和"多"强调的重点不一样。频是指次数,而多是指量。频尿是指24小时内排尿次数多,尿量不增多,见于膀胱炎、膀胱结石、肾炎等。左图是膀胱炎的超声图像,可见膀胱壁增厚。多尿是指24小时内尿量增多,次数可多可少,见于慢性肾功能不全、糖尿病和应用利尿剂等。右图是慢性肾功能不全的照片,可见犬塌腰、右后肢不能负重。频尿是24小时内,排尿次数多,尿量不一定多;多尿是24小时内,尿量增多,次数可多可少。二者强调的重点不一样,需要在临床上仔细分辨。

【PPT7】少尿或无尿是指在24小时内排尿量减少、次数也减少,甚至无尿液排出。尿液的生成需要三步:肾小球滤过、肾小管和集合管的重吸收和肾小管的分泌。首先,肾小球滤过的是血液,如果循环血量改变,肾小球滤过的量必然改变,尿量也随之改变。其次,尿液产生后需要输尿管的运输、膀胱的储存和尿道的排出,中间任何一个环节出现问题,都会影响尿量。因此,少尿或无尿在临床上分为三类,即肾前性少尿或无尿,和循环血量有关系;肾源性少尿或无尿,和肾小球的滤过及肾小管的重吸收有关;肾后性少尿或无尿,和输尿管、膀胱及尿道等尿路的通畅与否有关系。兽医临床上,常通过导尿管收集尿液,以判断动物尿量的变化。

【PPT8】因机体脱水,循环血量减少导致的少尿或无尿,称为肾前性少尿或无尿。此时的尿量轻度或中度减少,尿比重升高,无血尿,见于严重的脱水或电解质紊乱、心力衰竭、循环虚脱等。常言道:"大河无水小河干。"在这里体现的淋漓尽致。尿液来源于血液,现在血量减少,尿液自然失去了源泉,因此出现肾前性少尿或无尿。左图是犬的严重脱水,可见尿袋中空空如也。中图也是严重脱水,循环血量减少的病例。右图是心包炎的侧位片和正位片,严重心包炎最终导致心力衰竭。

【PPT9】肾源性少尿或无尿是因肾小球和肾小管严重损伤导致的。肾小球滤过功能下降，或者肾小管重吸收增加，都会导致肾源性少尿和无尿。所排尿液比重降低，含有蛋白质、红细胞、白细胞、肾上皮细胞和各种管型，见于肾小球肾炎、急性肾小管坏死、各种慢性肾病引起的肾功能不全等。左图是典型的无尿，尿袋中长时间无尿液排入。中图是肾脏疾病的超声图，可见肾脏中存在液性暗区。右图是吃药如吃饭的卡通图。很多药物是经肾脏代谢或排泄的，因此吃的越多，给肾脏造成的损伤就越大。《红楼梦》中的林黛玉，自从会吃饭，就开始吃药，没发生肾衰就已经是万幸了。

【PPT10】肾盂到尿道的不完全阻塞或完全阻塞，就会造成少尿或无尿，称为肾后性少尿或无尿。在排尿过程中常伴有血尿或排尿疼痛，见于肾小球肾炎、急性肾小管坏死、各种慢性肾病引起的肾功能不全等。左图是膀胱结石，属于高密度阴影，称为阳性结石。还有很多结石，是透光的，即 X 线可以直接将其穿透，在 X 线感光屏上并不显影，因此也就不能通过 X 线得以确诊。这类在 X 线下看不到的结石称为阴性结石。中图既有膀胱结石，也有尿道结石。右图是膀胱破裂的影像，可见经尿道逆行进入的造影剂漏入腹腔。结石也好，泌尿道破裂也罢，在临床上都会表现为少尿或无尿，为肾后性少尿或无尿。

【PPT11】排尿通路受阻会出现尿闭，尿闭的最大特点是肾脏正常，只是尿液潴留在膀胱不能排出体外而已。尿液潴留于膀胱主要有两方面的原因：一是膀胱本身的原因，如膀胱麻痹；二是尿道的原因，即尿道完全阻塞，尿液无法排出。尿闭在临床上表现为没有尿液排出，无尿在临床上也表现为没有尿液排出，这二者之间有什么异同呢？这个问题留给大家思考。尿闭见于结石、炎性渗出物及血块等导致的尿路阻塞或狭窄。简而言之，尿在膀胱不得出，谓之尿闭。

【PPT12】尿道不完全阻塞，尿液从尿道一滴一滴往外排，称为尿淋漓。其特征如同没有关紧的水龙头，见于急性膀胱炎、尿道和包皮炎症、尿结石和前列腺炎等。尿淋漓的发生一定是尿道的不完全阻塞，这一点需要再次强调一下。左图和中图均是前列腺炎所致的前列腺肿大，前列腺位于膀胱颈口，增大后可压迫尿道，导致其管腔狭窄，从而出现尿淋漓的症状。右图是膀胱阴性造影检查，可见膀胱壁增厚，是膀胱炎的典型特征。

【PPT13】尿失禁是由脊髓疾病而致交感神经调节机能丧失，膀胱内括约肌麻痹引起的。在临床上表现为动物未采取一定的准备动作和排尿姿势，而尿液不自主地经常自行流出，见于脊髓损伤、某些中毒性疾病、昏迷或长期躺卧的患病动物。左图是一只脊柱先天性畸形的狗，曾参加过世界丑狗大赛，并一举夺得冠军，被人们亲切地称为狗界的卡西莫多。卡西莫多身残志坚，并没有尿失禁的情况，但患有短脊椎综合征。卡西莫多先被遗弃，后一直流浪，最后遇到一个非常好的畜主，才得以安享晚年。善良首先表现在对生命的珍视上，是人最好的品性。中图的猫脊髓损伤，后躯瘫痪，出现尿失禁的症状。右图是患有截瘫的犬，但兽医通过安装犬轮椅使它重新站了起来、动了起来。动物，尤其是残疾动物也需要人文关怀。

【PPT14】正常的尿液都是黄色的，但因尿液稀释或浓缩的原因，黄色深浅不一。尿色的改变，有药物和食物的因素，除此之外皆为病理现象。尿色改变最常见的颜色是红色，临床上称为红尿。红尿包括血尿、血红蛋白尿、肌红蛋白尿、卟啉尿和药物红尿等。本讲主要介绍血尿、血红蛋白尿和肌红蛋白尿。血尿的出现，提示泌尿系统存在出血部位。血尿浑浊而不透明，振荡后呈云雾状，放置后沉淀，见于急性肾炎、肾结石、膀胱炎及尿道出血等。血尿的实质是尿液中混有红细胞，而红细胞具有振荡悬浮、静止沉淀的特性。左图是蕨中毒导致的血尿，尿液如血，满瓶殷红。中图是免疫性血小板减少症所致的血尿，外观上与血液完全相同。血小板减少，皮肤等部位会出现出血点或出血斑，如右图所示。

【PPT15】当机体发生了溶血性疾病，可出现血红蛋白尿。就是说尿中的红色物质是血红蛋白，颜色上均匀而无沉淀，与红细胞的性质完全不一样，见于牛巴贝斯虫病、钩端螺旋体病、新生仔畜溶血病等。溶血性疾病发生后，动物皮肤与黏膜通常会出现苍白、黄疸，同时出现血红蛋白尿，这是一个重要的诊断信息，希望大家一定要记住，这在实际诊断中有大用处。左图是钩端螺旋体病导致的血红蛋白尿，颜色均一无沉淀，如同红色的饮料。中图是巴贝斯虫病导致的血红蛋白尿。右图是收集到的血红蛋白尿，颜色均一且深，几乎为黑色。其实，血尿如果放置时间过长，红细胞会发生溶血，就会变成血红蛋白尿。因此，血尿应及早检测，以免与血红蛋白尿相混淆。

【PPT16】肌红蛋白尿在颜色和形态上与血红蛋白尿相同，几乎不能通过肉眼区分，需要通过化学方法才能加以鉴别。但发生的原因却截然不同，肌红蛋白尿是因肌肉组织变性，肌红蛋白进入血液循环而导致的，见于马肌红蛋白尿症及硒缺乏等。左图所示的是肌红蛋白尿，颜色均匀而无沉淀。中图是马肌红蛋白尿时表现出的强迫躺卧。右图是硒缺乏所致的白肌病，在临床上表现出典型的"翼状肩胛骨"，如同《封神演义》中雷震子的两个翅膀。我国是一个贫硒的国家，从东北一直到西南，形成一个巨大的缺硒带，因此动物饲料里通常需要添加硒。但是，也有富硒的地方如湖北的恩施和陕西的紫阳，当地非但不会导致硒缺乏症，反而会出现硒中毒病。从特征上讲，血红蛋白尿与肌红蛋白尿不同；从本质上说，血红蛋白尿与肌红蛋白尿相异，在临床上需仔细鉴别，用心区分。

【PPT17】小时候，第一次看村里人喝啤酒，心想："这是什么东西？怎么跟马尿一样，冒着泡，起着沫子。"马尿因含有黏蛋白，所以新鲜尿液就不透明。其他动物的新鲜尿液均为透明状态，放置久了就变成了浑浊状态。除马属动物外，动物新鲜尿液就呈浑浊状态，是一种病理现象，称为浑浊度增加。因为尿液中混有炎性细胞、血细胞、上皮细胞、管型、坏死组织碎片、细菌及大量黏液，见于泌尿生殖器官疾病。左图是浑浊度增加的尿液。中图是坏疽性膀胱炎，膀胱内产生大量的气体。右图是子宫蓄脓。由于尿道开口于阴道，生殖器官有些异常分泌物会进入尿液，造成诊断上的干扰，因此要仔细鉴别，不能想当然地认为尿液中的物质都来源于泌尿器官。

【PPT18】尿液酸度增加，就会变得清亮如水，称为透明度增加，见于马属动物纤维性骨营养不良，以及使尿液变酸的疾病。左图是健康马的尿，因含有黏蛋白而浑浊，如果酸度增加而变得清亮如水，如中图所示，可能患有纤维性骨营养不良。右图是糖尿病患犬，因体内产生大量的酮体，而导致酮血症。酮血症患犬，尿液呈酸性，因此透明度增加。

【PPT19】尿液黏稠度的变化，一般与有形成分的含量有关。升高见于肾脏、肾盂、膀胱及尿道等部位炎症；降低见于多尿或尿液呈酸性的疾病。左图为犬的尿道感染。尿液气味的变化，可通过嗅诊判断。腐败气味见于膀胱或尿道的溃疡、化脓和坏死等疾病；酮味见于奶牛酮病和羊妊娠毒血症等。

【PPT20】排尿动作检查中的频尿、多尿、少尿、无尿、尿闭、尿淋漓和尿失禁，一定要掌握其特征和临床意义，并能准确鉴别。尿液的感官检查，一定要能正确区分血尿、血红蛋白尿和肌红蛋白尿。其余内容，也应达到充分了解的程度。

本讲寄语是："追名逐利蝇竞血，安贫乐道铁化金。"见到名利就像苍蝇见到血一样，趋之若鹜，这是我们兽医所不齿的。兽医既不是圣人，也不是得道的高僧，然而于名利一关，可淡然处之。兽医的繁复与精深，全身心投入都恐怕难窥堂奥，更不用说心怀大量凡尘杂念。生活衣食无忧，身体强健康泰，就是一个人最大的幸福，何必再去追寻那些让人负累的身外之物。从事诊疗工作的每一天都是修炼，修炼就需要放得下名利，去过一种"食求饱，居求安，衣求暖"的简单生活。

第 26 讲 尿液的化学检查

【PPT1】上一讲我们说过："一滴水能反射出太阳的光辉，一滴尿能反映出疾病的信息"。尿液检查属于常规检查，是临床上最常用的实验室检查法。以前做尿液检查，瓶瓶罐罐、试管、滴管需要一大堆，现在却非常方便，只需采集少量尿液，浸湿试纸条，放到尿液分析仪上，一两分钟就能出结果。诊断的过程虽然简化了不少，但结果的判读却始终没有改变，需要我们有一定的分析能力和疾病诊断的推理能力。尿液的化学检查也叫尿常规检查，是兽医临床上最常用的实验室检查法之一。

【PPT2】尿液酸碱度的改变，尿液原有成分的增加，尿液未有成分的出现，都包含着重要的诊断信息。尿液由肾脏产生，是机体代谢的产物。尿的成分极为复杂，约有96%的水分，4%的干物质。干物质中含有蛋白质代谢终产物，如尿素、氨、嘌呤和马尿酸等。此外，还有胆色素、无机盐、植物色素及服用的某种药物等。因此，尿液检查不仅对泌尿器官疾病的诊断非常重要，而且对其他器官疾病的诊断、预后及治疗效果的判断有重要意义。

【PPT3】本讲主要介绍四个方面的内容：一、肾脏生理；二、肾脏的功能；三、尿液的采集与保存；四、尿液的化学检查。

【PPT4】尿液检查能提示动物的水合状态、肾功能、全身性疾病和中毒。欲了解尿液检查的方法，需先回顾一下肾脏生理功能。尿液的产生包括三个过程，一是肾小球的滤过，二是肾小管的重吸收和分泌，三是集合管的重吸收和分泌。先来看肾小球的滤过。肾小球的滤过作用是在血容量和血压的共同作用下产生的，属于原发性被动作用。由于肾小球有效滤过压相对较高，故水分和小分子物质可透过毛细血管进入肾小囊腔。肾小球毛细血管壁阻止红细胞、白细胞、血小板和大分子蛋白质进入超滤液。超滤液中尿素、肌酐、氨基酸、葡萄糖、碳酸氢盐和电解质浓度与血浆相似。

【PPT5】肾小球滤过之后，超滤液就进入肾小管。我们来看肾小管重吸收和分泌。水分和溶质主要通过近曲小管重吸收。除了重吸收钠离子外，近曲小管还能重吸收氨基酸、葡萄糖、磷、氯离子和碳酸氢根。髓袢降支对水的通透性较强，但对钠离子、钾离子、尿素的通透性很低。髓袢升支对水几乎不通透，但对尿素和电解质都有通透性。远曲小管上皮细胞对水的通透性也很低。

【PPT6】集合管有重吸收作用，也有分泌作用。集合管对水的通透性很低，只有在抗利尿激素（ADH）的作用下才能重吸收水分。集合管决定最终的尿量和尿相对密度。ADH 的浓度决定了尿液为稀释尿还是浓缩尿。肾髓质间质内高浓度的尿素、钠离子或氯离子促进 ADH 释放，从而重吸收水分。

【PPT7】肾脏有很多功能。肾脏的作用包括保留水分、葡萄糖、氨基酸、钠离子、碳酸氢根、钙离子、镁离子和大多数蛋白质；排出尿素、肌酐、磷、钾离子、氢离子、氨、酮体、胆红素、血红蛋白和肌红蛋白。其他作用还包括合成促红细胞生成素以促进红细胞的生成、调节酸碱平衡、分泌肾素、调节钙磷平衡和血压。肠道内的蛋白质分解代谢产生氨，在肝脏转化生成尿素。尿素经肝脏释放入血，经肾小球自由滤过，进入超滤液。尿素和水在肾小管内被重吸收和排泄，随尿液排出的尿素占超滤液中尿素总量的 40%~70%。肌酐来源于肌肉中的肌酸，通过正常的肌肉代谢以恒定的速率生成。肌酐可从肾小球自由滤过，但不会被肾小管重吸收。

【PPT8】尿液采集相对于血液采集而言，比较困难。尿液采集的方法多样，可根据检查项目的不同进行选择。自然采集时，理想的尿样为中段尿。导尿前需要对外生殖器官进行消毒，采用无菌的润滑剂、导尿管、手术器械和注射器。膀胱穿刺采集的尿样最适合进行尿液细菌培养。膀胱穿刺适用于充盈的膀胱，但不适用于过度充盈或发生梗阻的情况。如果尿样中存在大量混合性细菌，提示样本可能来自肠道。不同的尿液采集方法，有其优点，也存在相应的缺点。需根据检测内容做出最佳选择，尽量做到扬长避短。自由采集尿液无风险，简单易行，而且可根据血液在排尿过程中出现的不同时间段定位病变发生的位置；但是自由采集的尿液不适合细菌培养，容易受到污染，而且受到动物排尿要求的限制。动物什么时候排尿，确实不是检查者能够控制的，仅此一点就令尿液采集者大伤脑筋。按压膀胱虽然可以用来采集尿液，但存在的风险也大：第一，可能导致膀胱受损；第二，可能导致尿液反流进入肾脏和前列腺；第三，对于清醒的动物很难操作成功。导尿污染少，相对安全，是一种不错的尿液采集方法。但是有一定的技术难度，而且动物需要镇静。如果尿路发生堵塞，导尿通常无法进行。膀胱穿刺采集的尿液，有利于细菌培养，而且操作时无需麻醉，动物清醒状态下即可操作。但是针刺部位，易引起膀胱出血，引起膀胱破裂的风险也很大。另外，尿液可能会被血液污染，影响检测结果。如果动物有凝血障碍，严禁使用膀胱穿刺采集尿液的方法。每种方法都有其优缺点，没有最好的方法，只有最适合的方法。

【PPT9】动物导尿，首先要选择合适口径和长度的导尿管，左图是公犬的导尿方法，中图是母牛的导尿方法，右图是母牛导尿的示意图，切不可把导尿管插入膀胱憩室，否则就陷入了插入盲点。

【PPT10】左图是犬的膀胱穿刺术，动物体型小、腹壁薄，膀胱的位置易于确定。中图是牛经直肠的膀胱穿刺术，此法一要做好消毒工作，二要保护好针头，以免损伤其他部位。右图是仔猪的膀胱穿刺术，取仰卧保定姿势。

【PPT11】尿液存放过久会导致细胞成分变性和化学物质改变。因此，尿液采集后，若不能立刻进行检查，最好采取保存措施。碱性尿能够导致管型退化和红细胞溶解，红细胞溶解称为溶血，一旦发生有可能使血尿被误认为色素尿或血红蛋白尿。冷藏是最简便的尿液保存方式，但是冷藏后尿液密度会比室温下高，从而导致尿相对密度升高；另外，温度过低会抑制尿液试纸的酶反应，同时也会导致一些无定形结晶析出。福尔马林不但能够起到很好的防腐作用，而且能够有效固定有机沉渣，因此最适合有机沉渣的镜检。但是，福尔马林因能够干扰尿液试纸的检查，所以在尿常规检查样本中不能添加。

【PPT12】健康动物的尿液 pH 值受食物因素影响较大。草食动物，因采食的饲草中钠、钾等碱性元素含量较高，尿液呈碱性；肉食动物，因采食的肉类中硫和磷等酸性元素含量较高，尿液呈酸性。排除饮食对尿液酸碱度的影响，多为病理过程。尿液之所以有酸碱度的变化，是因为肾小管上皮分泌细胞分泌 H^+ 与肾小管滤液中的 NH_3 或 HPO_4^{2-} 结合，形成 NH_4^+ 或 $H_2PO_4^-$。尿液 pH 值降低见于某些发热疾病、长期饥饿和酸中毒；增高见于尿道阻塞和膀胱炎等。左图是牛瘤胃酸中毒的病例，此时进行尿液的化学检查，pH 值降低，呈酸性。右图是犬膀胱结石和尿道结石的病例，此时进行尿液的化学检查，pH 值升高，呈碱性。

【PPT13】健康动物的尿液通常不含蛋白质或含有极少量的蛋白质。发病时，致病因素首先引起毛细血管壁的滤过率增加，然后有大量蛋白质进入尿液，从而形成蛋白尿，见于肾炎、肾病、发热性疾病、代谢性酸中毒、膀胱炎等。左图是肾结石，呈强回声，远场有长长的声影，类似于彗星的尾巴。右图是膀胱炎，可见膀胱壁增厚。

【PPT14】尿中出现蛋白质的原因有很多，主要包括以下几个方面：第一，肾前性蛋白尿。主要包括肌肉损伤产生的肌红蛋白、血管内溶血产生的血红蛋白、浆细胞瘤或特定感染产生的 Bence-Jones 蛋白、炎症或感染引起的急性期反应蛋白。第二，肾性蛋白尿。与真性肾脏疾病有关，可能与肾小球肾病、肾小管疾病、肾间质疾病有关。第三，肾小球损伤。肾小球滤过屏障损伤后，肾小球的通透性增强，因此尿液中血浆蛋白增多。第四，肾小管损伤。肾小管损伤或出现病变，既不能重吸收小分子质量蛋白质，也不能重吸收白蛋白，从而引发蛋白尿。第五，肾后性蛋白尿。蛋白尿可能来源于肾盂后的任何部位，也可能来源于泌尿系统之外。第六，肾小管分泌。远曲小管上皮细胞可以产生和分泌少量蛋白质，浓缩尿样中可能会检测到。

【PPT15】尿中出现蛋白质也不都是病理性因素，也有生理性原因，如剧烈运动、紧张、寒冷、发热和摄入蛋白质过多等。病理性蛋白尿的临床意义主要有以下几个方面：一、见于各种类型的肾炎；二、见于药物或化学药品引起的肾病；三、见于某些发热性传染病，如炭疽、口蹄疫、结核、传染性胸膜肺炎等；四、见于肾脏梗死、肿瘤、创伤等；五、见于血尿、膀胱炎、阴道炎或前列腺炎等。

【PPT16】尿液中有时候会出现潜血，必须通过化学检查才能发现。所谓潜血是指尿液中出现不能用肉眼直接观察出来的红细胞或血红蛋白。潜血的实质是红细胞或血红蛋白，放大了说，就相当于血尿或血红蛋白尿，因此有着广泛的临床意义，见于泌尿系统炎症或损伤导致的出血，或溶血性疾病导致的血红蛋白释放进入血液。左图是阴茎断裂的 X 线片，阴茎断裂后就会有红细胞进入尿液，造成血尿或潜血。右图是弓形虫感染的猫，皮肤、眼结合膜和巩膜均出现黄疸。弓形虫感染引起机体溶血，溶血后就可能出现血红蛋白尿或潜血。

【PPT17】尿液中的葡萄糖称为尿糖。通常情况下，尿液中没有葡萄糖。尿糖是机体的碳水化合物代谢障碍或肾的滤过机能受到破坏，导致葡萄糖含量超过了肾糖阈，最终出现在终尿中的一种病理过程。生理性升高见于恐惧、兴奋、含糖物质摄入过多；病理性升高见于肾脏疾病、甲亢等。左图是患甲亢的猫，表现出焦虑症状，此时做尿常规检查，会检测到尿糖。右图是低血糖的犬，血糖降低的动物一般不会出现尿糖。

【PPT18】体内脂肪动用过多而导致酮体增加，过多的酮体随之进入血液循环，引发代谢性酸中毒。酮体是肝脏脂肪酸氧化分解的中间产物，具体包括乙酰乙酸、β-羟基丁酸和丙酮，呈酸性。酮体进入尿液后会发出一种特殊的烂苹果味，因此，如果尿液中含有酮体，通过嗅诊就可以初步确定。酮体含量升高见于奶牛酮病、奶山羊妊娠毒血症、长期饥饿和犬、猫糖尿病等。左图是犬糖尿病引起的酸中毒，而引起机体酸中毒的罪魁祸首是酮体。右图是奶牛酮病，血液内酮体增加，尿液中也可检测出酮体。

【PPT19】尿胆素原是肠道中细菌还原胆红素结合物而产生的物质，大部分经肝肠循环,小部分从肾小球滤过而随尿排出。增多见于溶血性疾病和肝实质性疾病;减少或消失见于阻塞性黄疸。左图是胆结石的超声图像,可见胆囊内有两颗结石,呈强回声,强回声远场伴有声影。右图是胆管阻塞的超声图像,可见胆管内有一低回声阻塞物。

【PPT20】亚硝酸盐是泌尿系统受感染后,细菌还原硝酸盐后生成的。升高见于泌尿系统大肠杆菌感染。该指标在人医临床上具有较大诊断意义,但对于动物而言意义不大,因为在动物泌尿系统感染中亚硝酸盐比较罕见。左图是大肠杆菌镜下形态,右图是尿常规检测试纸。

【PPT21】尿液的化学检查在兽医临床上也称为尿常规检查,主要检查尿液酸碱度、蛋白质、潜血、葡萄糖、酮体、尿胆素原和亚硝酸盐等,每项检查内容都有其临床意义。在生产实践中,要综合分析各指标,并结合尿液的感官检查、排尿动作检查进行综合判断,必要时还要进行血常规检查、血液生化检查、肾功能检查,乃至影像学检查。只有全面检查,综合判断,才能得出准确的诊断。

本讲寄语是:"狗绝育,人绝欲,无欲自无求;鸟爱鸣,人爱名,有名必有情。"狗绝育是为了好养,人绝欲是为了好活。在人生的漫漫长途中,多数欲望都是失败的陷阱,而非成功的动力。我们必须摒弃那些影响成功的欲望。鸟爱鸣是天性,人爱名也是天性。一个人的名声有时候比生命更为重要,因此我们需要倍加珍惜。无欲无求,生命尽是坦途;有名有情,内心全是光芒。

第 27 讲　尿沉渣的检查

【PPT1】尿液检查可分为化学检查和尿沉渣检查，其中尿沉渣检查也称为显微镜检查，就是利用显微镜在尿液沉积物中寻找更直接的诊断信息。尿液的感官检查可能漏诊，尿液的化学检查结果可能误诊，但尿沉渣所蕴含的诊断信息很多时候却通透明了，直达疾病的本真。疾病过处必有痕迹，泌尿系统的大多数疾病都会在尿中留下痕迹，关键是我们怎样去寻找这些肉眼看不见的痕迹。

【PPT2】健康动物的尿液，即便离心再久，也很难得到沉渣。当泌尿系统发生疾病时，脱落的细胞、析出的结晶会大量增加，离心后就可以收集到用以检测的沉渣。沉渣中检出什么细胞，就可能是什么器官发病，直截了当。从排尿动作检查，到尿液的感官检查，到尿液的化学检查，再到尿沉渣检查，逐步深入，锁定病因。

【PPT3】本讲主要介绍四个方面内容：一、尿沉渣检查概述；二、尿沉渣的制备；三、有机沉渣的检查；四、无机沉渣的检查。

【PPT4】尿沉渣检查包括有机沉渣检查和无机沉渣检查。有机沉渣包括红细胞、白细胞、上皮细胞、脓细胞、管型及微生物等；无机沉渣主要指无机盐结晶。相比而言，有机沉渣的诊断意义更大、更直接。检查尿沉渣的种类和数量是了解泌尿系统疾病的重要手段。尿沉渣检查能够发现尿液理化检查不能发现的病理变化。尿沉渣可以确定泌尿系统发生病变的部位，同时又能阐明疾病性质。尿沉渣对判断泌尿系统疾病类型、严重程度和预后有重要价值。图中所示是管型，提示肾脏发生较为严重的损伤。

【PPT5】尿沉渣不是采集到尿液就能看得见，需要通过一定的方法制备才能得到。最好采用新鲜尿液制备尿沉渣，因为此时干扰因素最少，若无法及时进行尿检，可冷藏保存。低温冷藏虽可保存大部分有形成分，但也会使无定形结晶增多，从而影响检查结果，故检查前需将尿液恢复至室温。细胞和管型等有形成分在室温下会迅速崩解或沉积在采集容器和检测容器的底部,故尿样在转移或检查前应摇匀。制备尿沉渣需要离心约 5mL 尿样,尿样太少所制备的沉渣满足不了检查的需要。低速离心后,较为理想情况下,用吸管去上清后,管中应剩余 0.5～1.0mL 尿液和沉渣,此时需充分再悬浮沉渣,才能保证有形成分均匀分布。再悬浮用吸管轻轻吹吸或用手指轻敲离心管的底部,避免粗暴。左图是管型的形态,中图是红细胞的形态,右图是白细胞的形态。

【PPT6】传统玻片法需 20 μL 沉渣。一般不需要染色,但染色能增强样本的对比度和有形成分的折射率,从而提高总体可见度。Sedi-stain 是兽医临床最常用的尿检染液。风干尿沉渣则可使用快速罗曼诺夫斯基染色。镜检未染色尿沉渣时需要将光线调暗并调低聚光镜,调低聚光镜能提供足够的对比度来鉴别尿液中的有形成分。镜检染色的尿沉渣应调高聚光镜。调节显微镜时,先聚焦一个较大的有形成分,形成一个参照物,然后定位视野。观察时,先在低倍视野(lpf)下评估尿沉渣的大体构成,观察较大的物质结构,再在高倍镜视野(hpf)下评估尿沉渣的大体构成。传统玻片法镜检尿沉渣易导致较大成分流动到盖玻片的边缘,因此应注意检查这些区域。

【PPT7】我们先来看一下有机沉渣的检查。红细胞出现说明尿液中有潜血,这一检查结果可与化学检查结果相互印证。新鲜尿液样中红细胞颜色呈灰白色,久置后逐渐变浅。红细胞的形态与尿比重有较大关系。浓缩尿样中,细胞由于脱水变小形成皱缩或形状不规则的红细胞;稀释尿液中的红细胞吸水膨胀直至破裂,形成"影细胞"。图中所示均为红细胞,在浓缩尿或稀释尿中的形态会出现一定的改变。

【PPT8】红细胞大小均一,比白细胞小,外观光滑,而白细胞为细颗粒状;箭头所指为白细胞,其余为红细胞和脂肪滴。白细胞体积约是红细胞的 1.5 倍,核为圆形或分叶状。右图中有大量红细胞,箭号所指为白细胞,箭头所指为杆菌和一个鳞状上皮细胞。白细胞的出现,提示泌尿系统存在感染。

【PPT9】左图为尿路感染,尿沉渣风干后经 Diff-Quik 染色,发现大量白细胞和在细胞内及细胞外的杆菌。中图为尿路感染,尿沉渣风干经革兰染色,观察到革兰阳性杆菌。右图为泌尿系统感染。通常认为每个高倍镜视野下超过 5个白细胞就为异常,提示存在潜在的泌尿系统感染。

【PPT10】除了红细胞和白细胞外,尿沉渣中还有很多上皮细胞,而上皮细胞对于病变的定位有决定意义,是鉴别泌尿系统疾病的利器。肾上皮细胞呈圆形或多角形,细胞核大而明显,核为圆形或椭圆形,位于细胞中央。肾盂上皮细胞呈高脚杯状。输尿管上皮细胞呈纺锤形,核大,偏心。膀胱上皮细胞为大而多角的扁平细胞,核小而圆或椭圆。

【PPT11】左图为肾小管上皮细胞。肾小管上皮细胞通过肾小管时会退化，很难辨认，通常为小立方形。中图为鳞状上皮细胞。鳞状上皮细胞源于泌尿生殖道（尿道和阴道），自然采集或导尿获取的尿液中均可出现，源自正常组织细胞的更新脱落。右图为鳞状上皮细胞和细菌。

【PPT12】在尿沉渣检查中有一个很重要的概念叫管型。前面多次提到过，究竟什么是管型？我们来看一下专业定义。管型是蛋白质在肾小管发生凝固形成的圆柱状物质。来分析一下：第一，管型是蛋白质形成的；第二，管型是在肾小管中形成的；第三，管型的形态是圆柱状的；第四，管型是凝固形成的。管型内常含有细胞和细胞碎片等物质，常以蛋白质为基质而嵌入，其含细胞量超过管型体积的1/3时，称为细胞管型。管型可分为肾上皮细胞管型、白细胞管型、红细胞管型、颗粒管型、脂肪管型、透明管型和蜡样管型等。尿中出现多量管型，表示肾脏严重受损。管型因为是在肾脏中形成的，因此它是肾脏疾病的最佳形象代言人，尿沉渣检查中只要发现管型，不管什么类型，必然提示肾脏有难，需要兽医去搭救。

【PPT13】左图是红细胞管型。尿液中出现游离红细胞提示泌尿生殖道出血，而出现红细胞管型则提示出血发生在肾单位。中图是白细胞管型。白细胞管型可能是肾小管炎症引起的。右图是肾上皮管型。上皮细胞管型提示坏死、中毒、重度炎症、灌注不良或缺氧导致的急性肾小管损伤。

【PPT14】左图是颗粒管型，中图是蜡样管型，右图为宽大管型。蜡样管型与肾小管损伤引起的尿潴留有关。宽大管型最初在远曲小管内塑形，提示管壁破坏或增宽。严重肾脏疾病导致尿液严重潴留时，集合管才会出现这种管型。

【PPT15】左图为脂肪管型。脂肪管型在黏蛋白基质内含有脂肪滴或卵圆形脂质小体，它在显微镜视野里有很高的折光性。由于肾小管上皮细胞中含有脂质，因此脂肪管型的出现提示肾小管可能损伤。右图为透明管型。透明管型为无色半透明、两端钝圆的管型。透明管型不含细胞，是尿液中最常见的管型。

【PPT16】无机沉渣相对于有机沉渣而言，诊断意义不大。我们现在来了解一下它们的形态。左图为重脲酸铵结晶，见于由门静脉短路或肝脏衰竭引起的血氨升高。中图为无定形结晶，由尿酸盐形成，无临床意义。右图为二水草酸钙结晶。犬猫尿液中出现这种结晶是正常的，尿样长时间存放也会形成。病理情况见于乙二醇中毒。

【PPT17】左图为一水草酸钙结晶，提示高草酸尿症或高钙尿症。高草酸尿有可能由乙二醇中毒或摄入富含草酸的食物，如花生、黄油、甘薯和一些全麦造成。中图为胱氨酸结晶，提示胱氨酸尿症，是尿胱氨酸转运过程中的一种遗传缺陷，见于纽芬兰犬、英国斗牛犬、腊肠犬、吉娃娃犬、马士提夫犬和澳大利亚牧羊犬等品种。右图为胆固醇结晶，在一些肾脏疾病和蛋白尿中可能出现。

【PPT18】左图为环丙沙星结晶，停药后这种结晶能够自动消失。中图细菌、脂质和鸟粪石结晶，箭号所指为脂质。右图为严重肝炎患犬的亮氨酸样结晶，其临床意义目前尚不明确。

【PPT19】左图为鸟粪石结晶，碱性尿液和冷藏尿液中更易形成。中图为尿酸结晶，见于嘌呤代谢的遗传缺陷引起的高尿酸症，在大麦町犬中多见。右图为一只有高尿酸症和尿石的雄性斗牛犬的尿酸结晶。

【PPT20】左图为一只患有糖尿病的猫尿中的大量酵母菌（假丝酵母菌），其中许多有出芽现象。中图为大量卵形、嗜碱性深染的酵母菌（假菌丝酵母菌）和白细胞残体（箭头），一些中性粒细胞中含有酵母菌（箭号），尿沉渣风干后经瑞姬氏染色。右图为类似于出芽酵母菌的脂质。

【PPT21】尿沉渣检查，以上皮细胞和管型检查最为重要，其次要了解无机沉渣的形态及临床意义。尿沉渣不是尿液中潜伏的渣滓，而是沉于海底的诊断之宝，只要我们能够将其打捞上来，并置于显微镜下详细观察，就能获得至关重要的诊断信息。

本讲寄语是："跑步强健体魄，诗词充实人生。"人生本来就是一场长跑，因此爱好长跑实际上是人之天性的体现。为了跑步，首先要早起，这就从根本上杜绝了贪睡式的懒惰；为了跑步，其次要控制饮食，这就从根本上杜绝了不良的饮食习惯；为了跑步，再者要抽取时间，这就从根本上杜绝了毫无必要的社交；为了跑步，最后要独处，这就从根本上杜绝了人生的喧嚣而学会了独立思考。诗词是中国语言文字发挥至极致的体现，经常诵读，民族自豪感与文化自信心自然而然得以建立；诗词是许多宏大观点的凝练，学之提高人生修养，用之提升总结能力；诗词是韵律美的代表，弛张有度的节奏，能够彻底缓解现代生活压力。跑步彰显的是坚持，诗词反映的是情趣。有健康生活才有质量，有诗情生活才有品质。

第28讲　泌尿器官及外生殖器官的检查

【PPT1】泌尿器官和生殖器官均是有内有外，在内部的深藏于腹腔、腹膜后腔和盆腔，临床检查较为困难；在外部的，暴露于体外，临床检查十分容易。因泌尿系统和生殖系统最后有共同的开口，所以两个系统常常并联检查。

【PPT2】泌尿系统包括肾脏、输尿管、膀胱和尿道；母畜外生殖器官包括阴门、阴道、子宫和乳房；公畜外生殖器官包括阴囊、睾丸和阴茎。泌尿生殖系统的检查，除了视诊、触诊、叩诊等临床基本检查法外，最常用的是超声和X线检查。

【PPT3】本讲主要介绍六个方面的内容：一、肾脏检查；二、输尿管的检查；三、膀胱的检查；四、尿道的检查；五、母畜外生殖器官的检查；六、公畜外生殖器官的检查。

【PPT4】哺乳动物的肾脏是成对出现的，通常位于左右腰椎横突下方，藏于腹膜后腔之中。有个别动物的肾脏位置靠前，可位于最后腰椎横突下方。动物种类不同，肾脏的位置各异。牛左肾位于第3~5腰椎横突下方，而右肾位于第12肋间及第1~3腰椎横突下方。大多数动物的肾脏与牛相似，总是右肾靠前，而左肾靠后。羊左肾位于第4~6腰椎横突下方，而右肾位于第1~3腰椎横突下方。马左肾位于最后胸椎及第1~3腰椎横突下方；右肾位于最后1~3胸椎及第1腰椎横突下方。猪左肾和右肾均位于第1~4腰椎横突下方，在家畜肾脏位置分布中属于特例。犬左肾位于第2~4腰椎横突下方，右肾位于第1~3腰椎横突下方。

【PPT5】肾脏检查主要有视诊和触诊，视诊观察动物的姿势和运动，触诊感知肾区的敏感状态。此外，可以通过直肠检查进一步对左肾进行检查，可以感知肾的大小、表面状态和敏感性等。视诊时，肾区疼痛表现为腰背僵硬、拱起，运步小心，后肢向前移动迟缓，见于肾炎。肾脏外部触诊敏感，见于肾炎或其他肾损害性疾病；直肠触诊肾肿大、敏感见于肾炎等，肾粗糙、肿大、坚硬见于肾硬化、肾肿瘤和肾盂结石等。左图为肾脏的直接叩诊，以拳代替叩诊锤。实际上，这种叩诊法只是一种变向的触诊，目的是为了观察肾区的敏感性，而不是为了制造清音、浊音或鼓音。中图是肾盂肾炎的患牛，可见腰背拱起、前肢宽踏的姿势和后肢移动缓慢的运动状态。右图是慢性肾衰的病例，可见犬被毛枯干，肋骨毕现和腰背拱起。

【PPT6】输尿管大部分在腹膜后腔之中，较细，一般检查法基本用不上。输尿管结石造成尿路阻塞时，临床上可见剧烈腹痛。输尿管在 X 线平片中不可见，采用排泄性尿路造影技术可以很好地显示输尿管。超声是检查输尿管的好方法，但有一定的扫查难度。左图是输尿管的正常影像，右图是输尿管断裂的影像，下图是输尿管造影后的 X 线影像，可清楚地看到两根输尿管的走向。

【PPT7】小动物的膀胱可通过腹部触诊检查，大动物的膀胱只能通过直肠触诊。膀胱过度充满，见于膀胱麻痹、膀胱括约肌痉挛和尿道结石等；膀胱空虚，见于肾源性无尿或膀胱破裂。膀胱触诊有压痛感，见于急性膀胱炎和膀胱结石。左图是坏疽性膀胱炎，中图是膀胱破裂导致的腹腔积液，腹部呈典型的"梨形"。右图是膀胱结石，结石边缘齐整、个体大、密度高。

【PPT8】尿道检查也比较困难，尤其是公畜的尿道或位于会阴部的尿道。可用超声和 X 线进行检查，但总有一部分被骨盆挡着，无法追踪到尿道的全部。左图为公牛尿道破裂导致的皮下水肿，中图是母牛的尿道下裂，右图为公牛尿道口被毛黏附的鸟粪石结晶。

【PPT9】母畜的生殖器官通常采用直肠检查和影像检查，对外生殖器官可以进行直接的视诊和触诊。若看到阴门外有悬吊物，见于阴道脱出、子宫脱出和胎衣不下等。阴门视诊后，可进一步检查阴道，阴道检查时可使用开殖器从阴门插入，打开阴道，进行观察。若阴道狭窄、呈螺旋状，见于子宫捻转。健康动物的阴道黏膜呈粉红色，发病时可出现潮红、黄疸、发绀和苍白等颜色变化。左图为阴道脱出，中图为胎衣不下，右图为难产病例，经阴道触诊确诊为胎头侧弯。

【PPT10】子宫主要通过直肠检查，此外可应用超声和 X 线进行检查。主要通过直肠触诊进行检查，可感知子宫的大小、位置以及子宫内的状态。乳房属于母畜重要的生殖器官，对于泌乳动物如奶牛、奶山羊等，乳房检查具有十分重要的作用。乳房肿大、变硬、乳汁颜色和性状发生改变，见于乳房炎。左图是犬子宫蓄脓的 X 线片，中图是奶牛乳房炎，可见异常肿大的乳房。右图的犬，子宫内腐败积气。以后大家还要学习一门课程叫兽医产科学，生殖器官的检查是该课程的主要内容，在兽医临床诊断学这门课程中，限于篇幅，只能做一简要介绍。

【PPT11】妊娠后期，进行 X 线检查对判断胎儿的大小、胎儿数量和胎位有重要作用。左图是胎儿过大所致的难产，可看到胎儿的颅骨明显大于骨盆入口，是不可能进行正常分娩的，剖腹产是唯一正确选择。右图是死胎的 X 线征象，可见胎儿周围产生腐败气体。X 线通常不能判断胎儿的死活，但如果胎儿周围出现气体样密度的阴影，则可以得到死胎的确切诊断。

【PPT12】接下来我们来了解一下各种动物妊娠时期的影像，一起来见证一下声光影下的多彩生命。左图是犬的妊娠影像，从密密麻麻的头颅影像来看，这一窝的产仔数量必定很多，而母犬一定是位英雄母亲。右图是猫的妊娠影像，可见子宫几乎占据了整个腹腔，将其他脏器无情地碾压。犬、猫一般怀胎两个月，即便这么短的时间，对母体而言也是一种的沉重负担。而我们人类号称"怀胎十月"，如果缺乏对母亲的敬畏，实在有些犬猫不如了。

【PPT13】左图是乌龟的妊娠影像，说是妊娠，实际上为待产的乌龟蛋。右图是鲨鱼的妊娠影像，小小鲨鱼在超声的扫查下就暴露出了狰狞的面目，由此可以想象其成年后会有多么凶残。鲨鱼体内无鳔，口内无鳃，但却是海里最为凶残的动物之一，靠的就是永不疲倦的运动。所以说，先天不足并不是我们习惯失败的理由，后天懒惰才是遭受唾弃的对象。

【PPT14】左图是蛇的妊娠影像。在我们的印象里，蛇应该和乌龟一样，也是产蛋的。查阅资料后发现，蛇确实是产蛋的，但有些蛇却能够在体内孵化。右图是南美栗鼠的妊娠影像，可见肚腹圆圆，胎儿骨骼纵横。虽然我们对南美栗鼠这种动物缺乏了解，但我们对这种艰辛怀胎的母亲形象却十分熟悉。

【PPT15】左图是蝙蝠的妊娠影像。提到蝙蝠，大家可能就会想到新冠肺炎。不论蝙蝠是不是新冠肺炎传播的罪魁祸首，吃蝙蝠的人还是让人觉得难以原谅。右图是荷兰猪，也就是豚鼠的妊娠影像。

【PPT16】图中是松狮蜥的妊娠影像。以蜥蜴作为宠物的人也开始增多，因此蜥蜴的医学问题也需要兽医去关注。

【PPT17】左图是浣熊的妊娠影像，右图是几维鸟的妊娠影像。

【PPT18】左图是猴子的妊娠影像，右图是鹿的妊娠影像。

【PPT19】各种动物的妊娠影像我们已经欣赏完毕了，在医学光影和声影的世界里，不缺少美，只缺少探究的好奇心和发现美的眼睛。看到这些图片，我突然想致力于兽医影像学的研究，兽医影像学是诊断的重要组成部分。母畜已经介绍过了，现在来看一下公畜的外生殖器官检查。先来看阴囊的检查。阴鞘水肿时，阴囊呈椭圆形肿大，表面光滑、无压痛感、指压留痕。左图所示就是阴囊水肿。阴囊有时候也发生阴囊疝，疝内容物通常通过腹股沟进入阴囊，如右图所示。

【PPT20】新生动物的阴囊在肾脏附近，后沿着腹股沟下行至阴囊。如果阴囊一直停留在腹腔而不下行至阴囊则称为隐睾，隐睾有单侧隐睾和双侧隐睾之分。睾丸肿大见于布鲁氏菌病、睾丸炎、睾丸水肿以及睾丸扭转等。左图是牛的隐睾，可见阴囊一侧干瘪、下陷，无内容物。右图是猪的睾丸肿大，该猪感染了布鲁氏菌病。

【PPT21】左图是隐睾在腹腔内发生扭转的影像，右图是睾丸扭转的超声影像，箭头所指为睾丸纵隔。

【PPT22】精索硬肿是去势后的一种并发症，主要表现为精索断端有大小不一的坚硬肿块。精索炎主要是输精管或其他邻近组织发生的感染，通常继发于前列腺炎、精囊炎，特别是附睾炎。左图为公畜外生殖器官的解剖图，中图为精索硬肿的症状表现，右图为前列腺增生的模式图。

【PPT23】包皮肿胀，分泌物增多见于包皮炎。通常包皮炎伴随着龟头炎。外伤或局部炎症，引起阴茎和龟头发炎、肿胀或溃疡等；菜花状赘生物，主要见于肿瘤。左图为包皮炎和龟头炎，中图为阴茎断裂，右图阴茎骨骨折。

【PPT24】泌尿器官和生殖器官的检查，临床基本检查方法存在一定的局限性，更多的是借助影像学检查手段，才能得出更加准确的诊断。

本讲寄语是："好学无厌，原知学问无止境；勤奋自律，但因生命有穷期。"学问永无止境，即便具体到某一学科、某一方向也是如此。因此，在学习的道路上，再勤奋也不为过。有的人说，我学习总是坚持不下来，不知道什么原因。那是你的志向还不够远大，你成功的欲望还不够强烈。王阳明曾经说过："凡学之不勤，必其志尚未笃也。"人的一生可以摒弃一切，但勤奋自律绝对要坚持。佛家高僧是"跳出三界外，不在五行中"的一类人，尚需打坐修行，更何况我们这些身在尘世中的普通人。

第29讲 头颅与脊柱的检查

【PPT1】神经系统是最难检查的系统，检查手段与方法相对于其他系统，非常有限。临床诊疗，毕竟受动物经济价值的影响，因此很多神经系统疾病没有治疗的必要。既然治疗无必要，诊断也不需要太明确。但是，随着小动物医学或者说伴侣动物医学的发展，神经系统疾病的诊疗取得长足的进步。前些年，北京农学院陈武教授翻译了一部日本的兽医著作，叫《犬猫神经病学》，将小动物神经疾病的诊疗推向新高度。再者，CT和核磁在宠物上的应用，极大地推动了神经病学的发展。

【PPT2】神经系统是机体对生理功能活动的调节起主导作用的系统，主要由神经组织组成，分为中枢神经系统和周围神经系统两大部分。中枢神经系统又包括脑和脊髓，周围神经系统包括脑神经和脊神经。神经系统检查非常复杂，本课程只介绍头颅与脊柱的检查和神经机能的检查，即对神经系统检查只做初步介绍。若要深入了解神经系统的检查方法与疾病，请课后仔细阅读《犬猫神经病学》。

【PPT3】本讲主要介绍四个方面的内容：一、神经系统检查概述；二、精神状态的检查；三、头颅的检查；四、脊柱的检查。

【PPT4】一切疾病中的表现基本上都是源于神经系统的应答反应。通过神经系统检查，可使我们了解病畜的精神、行为、运动、感觉和各种反射等。神经系统检查主要包括精神状态的检查、头颅和脊柱的检查、运动机能的检查、感觉机能的检查、反射活动的检查和植物神经的检查。检查时要根据眼神、面部表情、耳朵及肢体活动等进行综合判断。有一本书叫《天才在左疯子在右》，该书是对精神病人的访谈录。那些被认定精神有问题的人，其观点往往出人意料。看完此书之后，一方面让我脑洞打开，另一方面又让我不寒而栗。其实，我们对很多问题的思考，可以换个思路，也需要换个思路，思路转变后你会发现一直困扰我们的问题实际上别有洞天。没读过该书的同学，建议读一下。兽医，绝不是只看专业书就能学得好的，需要了解各种各样的知识。

【PPT5】健康动物的精神状态表现为眼睛明亮，头耳灵活，反应灵敏。与健康精神状态相比，表现太过的称为兴奋，表现不及的谓之抑制。精神兴奋表现为不安、易惊，对轻微刺激即产生强烈反应，甚至挣扎，不顾一切地前冲、后退，严重者攻击人畜。精神兴奋见于脑膜充血及炎症、颅内压升高、流行性脑脊髓炎、酮病、急性铅中毒、食盐中毒、狂犬病和中暑等。左图为犊牛维生素 B_1 缺乏症，表现为角弓反张，哞叫、观星等兴奋症状。中图是正处于兴奋状态的马，表现为不听使唤，意欲挣脱缰绳。右图是牛的李氏杆菌病，表现为兴奋的前冲症状。

【PPT6】左图是甲状腺功能亢进的猫，表现出焦虑与鸣叫。右图是猫的防御性反射，既有恐惧感，又有攻击性。

【PPT7】精神抑制分为三个层次，初级为精神沉郁，中级为嗜睡，高级为昏迷。级别越高，越严重。精神沉郁在临床上表现为反应迟钝，离群呆立，头低耳耷，睁一眼闭一眼，盲目游走等，见于脑炎、脑水肿初期、麻醉苏醒期、某些中毒病的初期、发热性疾病和营养代谢病等。左图的牛，患有疯牛病，表现为盲目游走。中图的犬患有甲状腺功能减退，可见精神沉郁，表情悲苦。右图是患低血钾的猫，表现出典型的"垂头"症状。

【PPT8】精神进一步抑制，可出现嗜睡。嗜睡在临床上表现为将鼻、唇抵在饲槽上、倚墙或躺卧而沉睡。对轻度刺激毫无反应，意识活动弱，见于脑炎、颅内压升高的疾病（如脑积水、脑疝、脑包虫和脑肿瘤等）。左图是猫嗜睡的表现，原因是懒。懒惰对于人来说是一种最严重的疾病。中图是鸡的嗜睡，表现为对轻度刺激无反应，只有踢一脚时才会动一下。作为人，尤其是作为兽医的人，千万不能让别人指挥一下，动一下，一定要有学习的自觉性，一定要发挥自己的主观能动性。右图是犬的嗜睡，表现为鼻、唇抵槽而沉沉睡去。若除去疾病因素，该犬的睡眠质量很让人羡慕。

【PPT9】精神抑制最严重的状态称为昏迷，动物还有一些生命体征，但已经失去了意识。昏迷临床表现为意识丧失，肌肉松弛，反射消失，粪尿失禁，对任何刺激均无反应，伴有心率、呼吸不规则，见于脑炎、脑肿瘤、脑创伤、代谢性脑病及由感染引起的脑缺血、缺氧、低血糖等。左图的犬被响尾蛇咬伤，出现了昏迷。中图是猫的昏迷状态，表现为对任何刺激无反应，仅留下一口悠悠之气。右图是酸中毒导致的昏迷，该犬表现为无意识。精神兴奋，动物主要表现出失控性和攻击性；而精神沉郁，轻者垂头丧气，重者昏昏欲睡，最重者不省人事，毫无反应。

【PPT10】健康动物的头颅，两侧对称，无任何凹陷或肿胀之处。头颅若出现局限性隆起，见于外伤、脑和颅壁的肿瘤等。左图所绘的牛头，左有纤维肉瘤所致的肿胀，右有白喉引起的肿胀。头颅是动物体最坚硬的部分，一般不出现大幅度的体积变化。若头颅异常增大，见于先天性脑室积水。图中的牛头，头颅顶部高高隆起，呈现异常增大之像。

【PPT11】颅骨变形见于骨软病、佝偻病和纤维性骨炎等。左图是新生犊牛先天性颅骨异常，称为短头侏儒，也称为斗牛犬病，其头颅肿胀变形，与斗牛犬的头颅极为相似。触诊时，如果感知颅骨增温，见于热射病、脑充血以及脑和脑膜的炎症。右图为犬中暑时的表现，不仅颅骨增温，而且出现最高热，还表现为心力衰竭与抽搐等。

【PPT12】关于中暑，《法医秦明》系列小说中有这样一则故事。一个人在大雪天死亡，经法医剖检和组织病理学检查，最终确认死因为中暑。当时是大冬天，冻死人一点都不奇怪，热死人却是笑死人的事情，但法医尸检结果全部指向中暑。既然非得是中暑，那就只能考虑冬天可能出现中暑的原因了。最后想到了桑拿房，并通过调查死者的社会关系，一举破案。此系列小说，我全部阅读了一遍，虽然文采不是很好，但故事的可读性很强。文学的魅力把法医从幕后推倒了台前，我们为什么不能依靠文学的力量把兽医扶上马，再送一程呢？兽医文学的创作有很多切入点，有兴趣的同学可与我单独交流，共同推动兽医文学的发展。

【PPT13】头颅也可进行叩诊和触诊检查。叩诊颅部呈浊音、触诊颅部敏感，见于外伤、炎症、肿瘤和多头蚴等。触诊颅部变软，见于多头蚴和颅壁肿瘤等。多头蚴就是通常所说的脑包虫。左图是羊脑包虫的手术摘除术，右图是手术取出的多头蚴。

【PPT14】脊柱的弯曲状况可以用视诊法检查。脊柱上弯，见于后肢发生轻瘫和麻痹等；脊柱下弯，见于腰部创伤、挫伤和骨软病等。左图为牛的脊柱后凸，脊柱呈上弯姿势。右图为牛的磷缺乏症，脊柱呈下弯姿势。

【PPT15】脊柱还会出现肿胀和僵硬等情况。脊柱肿胀，见于外伤和骨折等；脊柱僵硬，见于局部炎症、腰部脊髓挫伤等。左图的牛发生了椎体融合，表现为脊柱肿胀。右图的犬发生了脊柱闭合不全，表现为脊柱僵硬。

【PPT16】精神状态检查一定弄清楚什么是精神兴奋？什么是精神抑制？精神抑制分为哪三个层次，具体临床表现是什么？头颅与脊柱检查的一些基本情况也要了解。

本讲寄语是："考评催动市场，虚荣湮灭实效。"凡是考评指挥棒所指之处，必是弄虚作假之地。作假，不是人人都参与，但至少有一部分人在考评利益的驱动下，不惜违背诚实本性，参与到灌注水分的行动中。水分灌多了，难免自我膨胀，自我膨胀后，想当然地将曾经的虚假当作真实。作为一名兽医，考量我们的唯一指标是救治生命的数量，至于锦旗、奖状等用来填充虚荣尚可，用来提升医术不行。埋头读书，用心实践，深入思考，是提高兽医诊疗水平的最佳途径。至于铺天盖地的好评，那只是一种营销手段。

第30讲 神经功能的检查

【PPT1】神经功能是否存在异常，主要通过视诊进行检查，判断的依据主要是动物的姿势与运动状态。但凡有别于健康状态下的姿势和运动表现，就可能存在神经功能异常。强迫运动、共济失调、痉挛和瘫痪等，都是神经功能异常的表现形式。神经功能异常，首先要确定病变部位，然后再进一步锁定原因。

【PPT2】检查以视诊为主，同时兼顾问诊和触诊，必要时可采取针刺等检查方法，以判断神经的功能状态。神经病变的定位检查，在本课程中并未涉及，有兴趣的同学可阅读相关著作进行自学。

【PPT3】本讲主要介绍五个方面的内容：一、神经功能检查概述；二、强迫运动的检查；三、共济失调的检查；四、痉挛的检查；五、瘫痪的检查。

【PPT4】健康动物的运动，受大脑皮层的控制，在小脑的配合下由运动中枢的传导神经及外周神经共同完成。运动除神经协调作用外，还有肌肉、骨骼及关节的协调运动，如果骨、关节、肌肉发生病变，同样发生运动障碍。当运动中枢及传导神经发生损伤时，更容易产生各种形式的运动障碍。对于运动机能检查，临床上主要注意强迫运动、共济失调、痉挛和瘫痪等方面的检查。图中的猫，头蜷缩于腹下，不是羞涩，也不是在练腹肌，而是疾病导致的一种强迫运动，使其抬不起头来。

【PPT5】强迫运动在整体状态检查中已经讲过，这里我们做一些更细致的了解。回转运动是指动物呈圆圈运动或时针运动。圆圈运动是围绕一定半径的圆进行的运动，而时针运动是指以一肢为支点，像钟表的指针一样运动。回转运动见于犬瘟热后遗症、脑包虫及李氏杆菌病等。左图是李氏杆菌感染引起的回转运动，可见该牛不断地转圈。转圈的半径与中枢神经病变的严重程度有关，病变越严重，半径越小。右图是鸡新城疫引起的时针运动，可见病鸡在地上打转。

【PPT6】盲目运动是指患病动物无目的徘徊，不注意周围事物，对外界环境刺激无反应，遇到障碍物阻挡则呆立不动，以头抵物。见于铅中毒，或大脑皮层额叶或小脑等局部病变与机能障碍等。盲目运动类似于阮籍的"穷途之哭"，呈呆傻之状。左图是铅中毒的犬，表现为盲目运动，撞到南墙也不知回头。右图是犬额叶肿瘤的病例，同样表现出盲目运动。

【PPT7】暴进在临床上表现为不顾障碍物，低头踉跄前进；而暴退表现为仰头连续后退。见于脑包虫、流行性脊髓炎或视神经中枢受损等。左图是猛兽的暴进，右图是胆小动物的暴退。

【PPT8】滚转运动，临床上表现为向一侧冲挤、倾倒、强制卧于一侧，或循身体长轴向一侧打滚，见于迷走神经、听神经、小脑脚周围的病变，使一侧前庭神经受损，也见于马属动物的腹痛病。左图是马属动物打滚的表现，虽为滚转运动，却是健康行为。右图是马的腹痛病，表现为强卧于一侧，严重时可见满地打滚。强迫运动有四种表现形式：转圈运动、盲目运动、暴进或暴退和滚转运动，每种表现形式都是中枢神经或外周神经受损的结果。

【PPT9】共济失调在整体状态检查中已经介绍过，总体的表现就是呈酒醉状，站时不稳，或走路歪斜。共济失调分为静止性失调和运动性失调，静止性失调临床表现为站立状态下不能保持体位平衡，又称为体位平衡失调，见于小脑、小脑脚、前庭神经或迷走神经受损等。静止性失调是在静止时，运动时并不表现失调。左图是犬表现出静止失调，不过不是神经受损，而是体质太弱。中图的牛站立时需扶墙，也是一种共济失调。小脑受损引起的共济失调，既表现为静止性失调，也表现为运动性失调，只有在水中才能保持身体平衡。

【PPT10】运动性失调指动物站立时不明显，而在运动时出现的共济失调。临床表现为运动时前躯摇晃、后躯踉跄、步态笨拙，见于大脑皮层、小脑、前庭或脊髓受损等。运动性失调主要发生在运动时，静止时并不表现失调。共济失调依据损伤部位的不同分为四种，分别是脊髓性失调、前庭性失调、小脑性失调和大脑性失调。

【PPT11】脊髓性失调表现为运步时左摇右晃，但头不歪斜，见于脊髓背侧根损伤，肌、腱或关节的深感觉感受器损伤。图中的人表现出的就是脊髓性失调，头不歪斜，但行走的轨迹斜得厉害。

【PPT12】前庭性失调是指动物头颈屈曲及平衡遭受破坏，头向患侧歪斜，常伴发眼球震颤，遮蔽其眼时失调加重。因迷路、前庭神经或前庭核损伤，进而波及动眼神经和滑车神经，见于B族维生素缺乏和新城疫等。左图的猫以头抢地、歪头看人，虽然有可爱的表情，却也有前庭受损的疾病。右图是B族维生素缺乏的猫，静止时低头沉思，运动时表现共济失调，且头向患侧歪斜。

【PPT13】小脑性失调表现为静止性失调和运动性失调，只有在水中才能保持平衡，不伴发眼球震颤，不因遮掩而加重失调，见于小脑损伤。在一侧性小脑受损伤时，患侧前后肢失调明显。左图的猫表现为小脑性失调，运动时呈明显的四肢不协调。右图醉酒的猫歪在床上，此时既表现为静止性失调，又表现出运动性失调。酒精可以影响小脑，但这种影响通常是可逆的。

【PPT14】大脑性失调的动物，虽然能直线行进，但身躯向健侧偏斜，甚至在转弯时跌倒，见于大脑皮层的颞叶和额叶受损。左图的牛和右图的犬，均发生了大脑性失调，头强制弯向健侧，运动时歪歪扭扭。运动性失调有四种类型，其中两种表现为头部歪斜，其中前庭性失调头歪向患侧，而大脑性失调歪向健侧；另外两种不表现头部歪斜。但小脑性失调既表现为静止性失调又表现为运动性失调，易于与脊髓性失调相鉴别。

【PPT15】痉挛是指肌肉的不随意性收缩，不受神经的控制。在临床上分为阵发性痉挛、强直性痉挛和癫痫性痉挛等。阵发性痉挛是大脑、小脑、延髓或外周神经遭受侵害的结果，表现为单个肌群发起短暂、迅速、一个跟着一个重复的收缩，突然发作，突然停止，见于病毒或细菌感染性脑炎、化学物质、植物及毒素中毒，低血钙和青草搐搦等疾病。左图的牛患有青草搐搦，导致了阵发性痉挛。中图的犬感染了犬瘟热，出现了阵发性痉挛。右图的犬背部发生了阵发性痉挛。

【PPT16】当大脑皮层功能受抑制，基底神经节受损，或脑干和脊髓低级运动中枢受刺激时，发生强直性痉挛。临床上表现为肌肉长时间均等收缩，见于破伤风、有机磷中毒、脑炎、士的宁中毒及酮病等。左图是新生犊牛的破伤风导致的强直性痉挛，中图是士的宁中毒导致的强直性痉挛，右图是有机磷中毒导致的强直性痉挛。

【PPT17】关于痉挛还有一些相关概念，大家可以了解一下。惊厥或搐搦是指波及全身的强烈性阵发性痉挛，如青草搐搦、产后搐搦等。震颤是由于伸肌和屈肌同时或交替收缩而引起，临床表现为头、后肢或全身连续快速来回运动，随入睡而消失。纤维性震颤是指单个肌纤维束的轻微收缩，而不波及整个肌肉、不产生运动效应的轻微性痉挛。强直是指全身肌肉均发生痉挛。挛缩是指局限于一定肌群的强直性痉挛。在不同的著作中，可能有不同的表述，大家可以了解一下，这些概念的实质都是痉挛，只不过表现形式略有不同。

【PPT18】癫痫性痉挛与阵发性痉挛和强直性痉挛在肌肉收缩方面表现一样，唯一不同的是在痉挛的同时可出现意识丧失。癫痫性痉挛是由脑神经兴奋性升高，引起异常放电导致的。临床上表现为强直或阵发性痉挛，同时感觉和意识丧失，见于脑炎、尿毒症、维生素 A 缺乏、仔猪副伤寒等。左图是低血糖引发的癫痫，中图是维生素 B_1 缺乏引起的癫痫，右图是脑炎引发的癫痫。痉挛在临床上主要有三种表现形式，其中阵发性痉挛和强直性痉挛在收缩肌群范围和收缩程度上有所不同，但肌肉收缩时动物均呈有意识状态；癫痫性痉挛与阵发性痉挛和癫痫性痉挛最大的不同在于肌肉收缩同时失去了意识。

【PPT19】瘫痪是指动物骨骼肌的随意运动性减弱，也称为麻痹。瘫痪有多种分类方法。依据解剖部位的不同，可分为中枢性瘫痪和外周性瘫痪；依据致病原因的不同，可分为器质性瘫痪和机能性瘫痪；依据瘫痪程度的不同，可分为完全瘫痪和不完全瘫痪；依据肢体部位的不同，可分为单瘫、双瘫、偏瘫和截瘫。单瘫是指某一肢瘫痪，双瘫是指某两肢瘫痪，偏瘫是指身体一侧发生瘫痪，截瘫是指后躯瘫痪。

【PPT20】中枢性瘫痪和外周性瘫痪在临床上虽然都表现为站不起来，但是有着本质的区别。中枢性瘫痪时，肌肉张力增高、出现痉挛，而外周性瘫痪时，肌肉张力降低、呈弛张性；中枢性瘫痪时，肌肉萎缩缓慢、不明显，而外周性瘫痪时肌肉萎缩迅速、明显；中枢性瘫痪时，腱反射亢进，而外周性瘫痪时腱反射减弱或消失。说简单点、通俗点就是，外周性瘫痪，因腿软而无力站起；而中枢性瘫痪，因痉挛强直而无法站起。

【PPT21】神经机能检查包括强迫运动检查、共济失调检查、痉挛检查和瘫痪检查，每一检查内容都要弄清其症状分类，以及每一种症状的特征和临床意义。

本讲寄语是："晨曦微露听鸟语，晚霞尚在闻花香。"能在晨曦微露时起床去听鸟语，说明你是一个勤奋的人；能在太阳将落、晚霞满天之时，有闲情逸致散散步，看看花，则此生不会缺乏生活的热情。若每天都能看着朝阳升起，迎着太阳奔跑或学习，成功只是早晚的事；若每天都能驮着夕阳下山，拖拽着长长的身影漫步或赏花，生活的幸福必然洒满人间。有远眺朝阳的勤奋，有近观日落的热情，人生将没有缺憾。

第31讲　胸、腹腔穿刺液及临床生化检查

【PPT1】模仿一下电视剧《神探狄仁杰》里的经典台词。狄仁杰："这里的水很深啊！元芳，你怎么看？"李元芳："大人！卑职认为可以抽出来看。"两人相视一笑。什么叫水很深？水很深指的是胸腔或腹腔的积液很多。什么叫抽出来看？抽出来看实际上就是兽医临床上常用的穿刺术。通过穿刺让液体曝光于众目睽睽之下，先进行简单的感官检查，若仍不能分辨，则进行穿刺液的化学检查。血液亦是如此，流淌在血管之中，其成分的改变无从判断，抽出来在生化分析仪上一测，"什么鬼魅传说，什么魑魅魍魉妖魔"，根本无所遁形。穿刺液检查和临床生化检查看起来一目了然，实际上分析起来十分不易，关键在于"元芳你怎么看"。元芳你有两把刷子，疑难杂症迎刃而解；元芳你对各指标的含义一知半解，疾病的秘密永远扑朔迷离。

【PPT2】胸腔积液容易诊断，但元凶病因却难以确定。积液深藏于体腔，液体的流动形态容易彰显，但液体的性质却难于判断。而穿刺及穿刺液的物理、化学检查是判断液体性质的最佳方法。临床生化检查已经成为宠物实验室检查的必需项目，不论是术前、术后，不论病前、病后，临床生化指标都是判断各器官机能状态的利器。今后宠物医学的发展方向，正在以治疗为主逐渐转变为以保健为主，而保健的关键就是要定期进行体检，而体检的主要项目之一就是临床生化。

【PPT3】本讲主要介绍四个方面的内容：一、穿刺液检查概述；二、浆膜腔穿刺方法；三、穿刺液检查；四、临床生化检查概述。

【PPT4】浆膜腔包括胸膜腔、腹膜腔和心包腔等，健康动物的浆膜腔有少量液体，在胸内起润滑作用以减少脏器活动时的摩擦。当浆膜腔发生纤维蛋白性渗出时，浆膜腔的脏层和壁层摩擦力增大，甚至发生粘连，严重影响器官的机

能状态。当浆膜腔发生液体渗出时，积液增多，虽然脏器之间的摩擦消失，但因负荷加重，也会在一定程度上影响器官的机能。浆膜腔内液体增多，多是病理性因素所致。根据积液产生的原因及性状的不同，可将浆膜腔积液分为漏出液和渗出液两大类。漏出液是非炎性的，而渗出液是炎性的。在临床上，区分渗出液和漏出液对于疾病的诊断具有十分重要的意义。

【PPT5】欲进行穿刺液的检查，首先需要掌握浆膜腔的穿刺技术。胸腔、腹腔和心包腔的穿刺略有不同。犬、猫胸腔穿刺在右侧第6肋间下部或左侧第7肋间下部，动物呈自然站立姿势较好，穿刺时切忌损伤胸腔器官。犬、猫腹腔穿刺选择腹部悬垂处，避开重要的脏器，如肾脏、肝脏和膀胱等，刺入腹腔时有种刺空的感觉。犬、猫心包腔穿刺在第3~5肋间，心脏浊音区。心包腔穿刺要格外小心，必要时可在超声引导下穿刺，这样准确性和安全性更高。其他动物的浆膜腔穿刺与犬、猫类似，不同之处在于位置稍有差异，深度有所不同。浆膜腔穿刺是一种技术活儿，穿刺时既需要小心翼翼，也需要大胆而为。

【PPT6】穿刺液分为渗出液和漏出液，其中漏出液又称滤出液，是由于各种理化因素刺激产生的非炎性积液。按照语文中的精简句子的规则，保留主谓宾，去掉定状补，最后就成了这样一句话：漏出液是非炎性积液。非炎性就是漏出液的本质，这一点也是与渗出液相区分的本质所在。漏出液形成的原因很多，不同的原因有着不同的临床意义。第一，血浆蛋白减少引起的胶体渗透压降低，见于肝硬化、肾病综合征和高度营养不良。发生这些疾病时，蛋白质摄入不足、合成不足或排泄过度，造成低蛋白血症。低蛋白血症则胶体渗透压降低，从而形成浆膜腔积液。第二，毛细血管内压增高，见于慢性心力衰竭。第三，淋巴管阻塞，见于肿瘤压迫或丝虫病引起的淋巴液回流受阻。第四，毛细血管通透性增加，见于维生素缺乏、高热、中毒、缺氧等。第五，血液中盐类成分的变化，见于钠潴留。图中所示就是漏出液，呈淡黄色，而且清晰、透明，毫无浑浊之态。

【PPT7】渗出液为炎性积液，大多数由细菌感染引起，液体中含有较多的血细胞、肿瘤细胞或细菌等。炎性所致，血管通透性增大，则引起积液。此时积液不再清纯，存在各种混合物，因此外观上呈污浊之形，浑浊之态，很容易与漏出液相鉴别。渗出液见于结核性胸膜炎、腹膜炎等，也见于外伤、恶性肿瘤、寄生虫感染和化学刺激等。图中所示即为渗出液，外观浑浊，血色俨然。渗出液与漏出液本质区分在于是否是炎性积液，外观区分也一目了然。炎性积液为渗出液，而非炎性积液为漏出液；浑浊有血色者，为炎性积液，而透明清亮者，为漏出液。

【PPT8】漏出液与渗出液的外在区别是由内在本质所决定的，虽然都是积液，但积液中的内涵存在根本性的不同。漏出液外观呈淡黄色、清晰、透明，渗出液外观浑浊，可为血性、脓性和乳糜性。漏出液相对密度小于 0.018，渗出液相对密度大于 0.018。渗出液中含有细胞等有形成分，因此密度较大。漏出液不易凝固，渗出液容易凝固，因渗出液中往往含有血液。漏出液中总蛋白含量小于 25g/L，而渗出液中总蛋白含量大于 30g/L。漏出液中葡萄糖含量与血清中相似，而渗出液中葡萄糖的含量往往低于血清。漏出液中乳酸脱氢酶的活性与血清中的相似，而渗出液中乳酸脱氢酶的活性则高于血清。漏出液中的细胞数量小于 0.1×10^9 个/L，而渗出液中的细胞数量大于 0.5×10^9 个/L。漏出液中以淋巴细胞、间皮细胞为主，而渗出液中以中性粒细胞或淋巴细胞为主。漏出液细菌学检查为阴性，而漏出液细菌学检查为阳性。渗出液为炎性积液，漏出液为非炎性积液；炎性积液则内涵丰富，内涵丰富则密度大、颜色深、外观浊。鉴别渗出液与漏出液，就是为了确认穿刺液的性质，性质一定，则诊断方向随之明确。

【PPT9】据调查，犬在临床上最常见的五类疾病是肿瘤、心血管疾病、肾脏疾病、肝脏疾病和癫痫；猫在临床上最常见的五类疾病是肿瘤、泌尿系统疾病、心血管疾病、糖尿病和猫传染性腹膜炎。无论哪一种疾病，都需要进行临床生化检查。实际上，需要临床生化检查的情况远不止于此，包括更多复杂的情形：第一，对表现健康的动物进行疾病筛查，如麻醉前检查或老年动物体检等；第二，评估疾病的严重程度；第三，鉴别诊断；第四，判断预后；第五，确定药物毒性；第六，通过一系列检查评估治疗效果。生化结果判读在临床上最为常见，也最为重要，但要遵循以下步骤：第一步，是血液学检查结果异常还是动物异常。异常的动物未必有异常的结果，异常的结果也不一定是动物异常。只有把实验室检查和病史、体格检查、影像学检查和其他诊断方法结合起来，才能建立正确的诊断。第二步，将检查结果分类。在生化检查报告单中，检查结果通常是根据器官系统排列的，如肝脏疾病、肾脏疾病、电解质紊乱和水合状态等。第三步，在临床资料的基础上整合临床生化数据。判读临床生化结果时要结合动物的临床信息，如同样是血糖升高，平静状态的猫比在诊室里嗷叫挣扎的猫患有糖尿病的可能性更高。第四步，试着用一种原发病解释所有问题和实验室异常。在大多数病例中，血液学检查结果反映的是继发于原发病的变化。因此，尽可能用一种原发病解释所有的指标异常，若实在解释不通，再考虑多种原发病。第五步，在临床生化检查指导下建立进一步诊断。对于临床生化的异常，兽医一定要找出原因，并选定是否选择进一步的检查方法，如腹部 X 线检查、犬瘟热抗原检查及促肾上腺皮质激素（ACTH）试验等。第六步，不断实践。临床生化是常用的，但不是万能的，只有不断实践才能受益于临床生化检查，否则可能被误导。

【PPT10】临床生化检查不是在病入膏肓时才进行，而是稍有微恙就可以应用，甚至在动物健康时作为体检项目。临床上出现体重减轻、呕吐或腹泻、厌食或少食以及精神沉郁等普通症状，就可以通过临床生化检查予以筛查，为进一步进行相关检查提供方向。体重减轻时，重点筛查肾病、肝病、心衰、糖尿病、蛋白丢失性胃肠病和肿瘤等。呕吐或腹泻时，重点筛查传染病、肝病、肾病、胰腺炎、子宫蓄脓等。厌食或少食时，重点筛查肾病、肝病、心衰、糖尿病、食道异物等。而精神沉郁时，重点筛查肾病、肝病、心衰、糖尿病、胰腺炎等。临床生化检查和血常规检查，既是一种诊断手段，更是一种筛查方法，在兽医临床上应用最为广泛。

【PPT11】哪些器官出现问题需要进行临床生化检查呢？几乎所有器官出现问题都有做临床生化检查的必要，毕竟任何疾病都可能波及全身重要脏器。血液、肾脏、胰腺、肝脏、心脏、甲状腺等器官的疾病，都有必要通过生化检查予以诊断和预后判断。

【PPT12】图中是一张生化检验单，各种指标按一定的逻辑顺序排列，先是肾脏指标，后是肝脏指标，都有参考值，如果指标值升高或降低会显示出来。有的异常值以不同的颜色的条块在相应的区域显示，有的标有上升或下降的箭头，有的标有"H"或"L"，有的直接标的是汉字"高"或"低"。检测指标的多少是由检测盘的容量所决定的。不论多少数量，通常都不会缺少肝脏指标和肾脏指标。

【PPT13】丙氨酸氨基转移酶，英文缩写为 ALT，旧称为谷丙转氨酶，主要分布在肝脏，其次是骨骼肌、肾脏、心肌等组织。ALT 增高对犬、猫肝脏疾病的诊断具有重要意义。成年马、绵羊、牛和猪肝脏损伤时，ALT 升高不明显。由表可知，不论是猫还是犬，ALT 在肝脏中含量最高，其次是犬的心脏和猫的肾脏中。鉴于在肝脏中绝对的高含量，约为血清中的 100 倍，只要有 1% 的干细胞坏死，血清中的含量就会增加 1 倍，因此通常把 ALT 看作是肝脏指标。ALT 不但有很高的灵敏度，而且有较高的特异性。ALT 活性升高见于各型肝炎、肝硬化、胆管疾病和其他原因引起的肝损伤，也见于严重的贫血、砷中毒、鸡脂肪肝和肾综合征等。

【PPT14】天冬氨酸氨基转移酶，英文缩写为 AST，旧称谷草转氨酶，主要分布在心肌，其次是肝脏、骨骼肌、肾脏等组织，该酶对肝损伤不具有特异性，但具有与 ALT 一样的灵敏度。除犬、猫和灵长类外，肝细胞破坏，血清 AST 可急剧升高。AST 活性升高见于奶牛产后瘫痪、黄曲霉毒素中毒、四氯化碳中毒、肌肉营养不良、白肌病、肝外胆管阻塞、肝片吸虫病和高血脂等。由表可知，不论犬还是猫，AST 在肝脏中的含量均不及在心脏中的含量，此外骨骼肌中的含量也较高。

【PPT15】碱性磷酸酶，英文缩写为 ALP，主要分布在肝脏、骨骼、肾脏、小肠及胎盘中，血清中 ALP 以游离形式存在，大部分来自于肝脏和骨骼，且幼年阶段主要来自于骨骼，成年主要来自于肝脏。因此，在 ALP 判读时，要根据动物的年龄状况，这一点十分重要。ALP 活性升高见于肝胆疾病，也见于骨骼疾病，如佝偻病、骨软病、纤维性骨炎、骨损伤及骨折修复愈合期等。由表可知，ALP 在犬的小肠中含量极高，在猫的小肠中含量也相当高，因此在指标判读时应综合其他检查结果予以全面考虑。

【PPT16】肌酸激酶，英文缩写为 CK，主要分布在骨骼肌和心肌中，其次是脑和平滑肌。正常动物血液中含量极低，当上述组织受损时，由于细胞膜的通透性增加，CK 进入血液，血清中含量明显升高。CK 活性升高见于牛、羊和猪发生维生素 E 和硒缺乏所引起的营养性肌营养不良、母牛卧倒不起综合征和马麻痹性肌红蛋白尿症等。动物重度使役和运输应激均可使 CK 明显升高，其中猪运输应激后可升高至 10 倍以上。

【PPT17】乳酸脱氢酶，英文缩写为 LDH，主要分布在心肌、骨骼肌、肾脏、肝脏、红细胞等组织中，组织中活性比血清高约 1000 倍，所以即使少量组织坏死释放的酶也能使血清中 LDH 升高。LDH 活性升高见于心肌损伤、骨骼肌变性、损伤及营养不良、维生素 E 和硒缺乏、肝脏疾病、恶性肿瘤、溶血性疾病和肾脏疾病等。由表可知，在犬的心脏和猫的肌肉中含量最高。在急性心肌坏死发作后 12~24 小时开始升高，48~72 小时达到高峰，升高持续 6~10 天，常在发病后 8~14 天才恢复到正常的水平。

【PPT18】尿素氮，英文缩写为 BUN，外源性主要来源于食物中的蛋白质；内源性主要来源于组织蛋白、血浆蛋白、酶和细菌等。BUN 在肝脏中合成，通过肾脏排泄。BUN 升高通常有三方面的原因，一是肾前性，见于血液循环障碍疾病；二是肾性，见于肾功能损伤的疾病，如肾功能不全；三是肾后性，见于输尿管、膀胱和尿阻塞性疾病。BUN 降低通常见于日粮中蛋白不足，或肝脏将氨转化成尿素的能力不足，如肝癌晚期或肝硬化、门静脉短路等；也见于尿崩症和精神性烦渴等。

【PPT19】肌酐，英文缩写为 CREA，外源性主要来源于食物；内源性主要来源于肌肉中的肌酸。CREA 升高，见于肾血液灌注量减少、急性肾功能衰竭、慢性肾功能衰竭、尿道阻塞和膀胱破裂等。肌酐含量可反映肾功能的状态，含量越高，肾功能越差。根据肌酐含量由低到高的排列，肾功能可依次分为肾功能不全代偿期、肾功能衰竭期和尿毒症期。通常将尿素氮和肌酐结合起来考虑，更能反映肾功能的状态。

【PPT20】健康犬猫，BUN 含量为 10~30mg/dL，CREA 含量为 0.5~2.0mg/dL。BUN/CREA 比约为 20∶1，若比值改变，通常为疾病所致。BUN 和 CREA 均增加，见于肾灌流减少、肾功能不全和脱水等。BUN 大幅增加，CREA 不变或稍增加，见于含氮废物合成增加、胃肠道出血和脱水等。BUN 和 CREA 均减少见于应用利尿剂。尿素氮肌酐比正常见于脱水、胃肠道出血等。尿素氮肌酐比增大见于肾病和尿道阻塞等。一般情况下，比值越高，尿素氮和肌酐越不是平行增长；比值越低，尿素氮和肌酐成比例增长。

【PPT21】临床生化检查是应用最广泛的诊断方法，涉及的指标也非常多，这里仅就主要的肝脏指标、心脏指标和肾脏指标做一简要介绍。若要全面了解临床生化检查的项目和意义，还需要不断地实践，这样才可能充分用好临床生化这一诊断利器。

本讲寄语是："规划是前行的方向，总结是向上的阶梯。"人生在世，受很多偶发因素影响，但即便这样，我们也要有自己的短期计划和长期规划。没有目标的人生是混乱的，没有规划的人生是无序的。规划好的目标，不一定都能实现，但终归是一种指引，远比在毫无头绪的努力中有效。一支笔、一个笔记本，就能完成短期、长期，甚至一生的规划。写下自己的目标，写明实现的路径，注明实现的时间，人生就会变得自律而快乐。书写是最好的总结方式，总结是攀登人生顶峰最好的梯子。定时总结，及时总结，就会夯实前进的脚步，就会步步为营，走向成功的彼岸。没有规划的人生是盲目的，没有总结的脚步是虚浮的。规划明方向，总结筑云梯，明确了方向，筑好了云梯，成功就在眼前。

第32讲 建立诊断

【PPT1】学习兽医临床诊断学这门课的最终目的就是为了建立诊断。什么是诊断？这是一个很困扰人的问题。总的原则是病因要确定到最细，发病过程要了解到最全，预后要判断到最准。准确的诊断是为了准确的治疗和准确的预防服务的。诊断准确了将事半功倍，诊断失败了将事倍功半，甚至南辕北辙，使动物走向死亡的深渊。常言道："一将无能，累死千军。"诊断就是疾病诊疗过程中的"将"，理想的状况是"运筹帷幄之中，决胜千里之外"：将病因分析得清清楚楚，将病理讲得头头是道，将治疗方案叙述得详详细细，将预后判断得明明白白。凡具备超凡诊断能力的兽医，必然是诊疗团队中的核心。

【PPT2】建立诊断是一个复杂的过程，但优秀的兽医可以将其做得举足若轻。掌握完整的病史资料，拥有熟练的诊断技能，具有强大的逻辑推理能力，抱着怀疑一切的精神，才能在千头万绪的疾病面前做到游刃有余。

【PPT3】本讲主要介绍六个方面的内容：一、建立诊断概述；二、建立诊断的方法；三、建立诊断的步骤；四、建立诊断的条件；五、建立诊断的原则；六、产生误诊的原因。

【PPT4】课程的名称叫作兽医临床诊断学，整门课都在介绍诊断的方法和理论，那么到底什么叫建立诊断？临床上对门诊或住院病畜(禽)应用适当的检查方法，收集症状资料，并通过逻辑思维最后对疾病的本质做出判断，称为建立诊断。建立诊断，一要检查，二要获得资料，三要做出分析，三者缺一不可。实际上，还需要第四个，验证诊断。再细致的分析，也不一定完全经得起推敲，一旦发现问题，必须推倒从头再来。诊断的方法有很多，除了前面介绍过的临床检查方法和实验室检查外，还有很多方法可以用于诊断。病理学诊断包括尸体剖检诊断和病理组织学诊断，是群发病诊断效率最高的方法，也是个体病例追溯病因的最好方法之一。生物化学诊断包括血清酶学、蛋白质、糖类、电解质、血气分析以及肝、肾、胰功能试验等，目前已经广泛用于兽医临床诊疗实践中。特殊诊断包括X线诊断、超声诊断、心电图诊断、内窥镜诊断、计算机X线断层扫描和核磁共振成像等，在大型宠物医院，这些设备的应用率极高。在养殖场，只有超声有用武之地，其余设备限于使用条件，尚未大规模使用。此外，还有遗传学诊断、免疫学诊断和基因检测及现代分子诊断等，也已用于临床。对于兽医来说，诊断方法只会越来越多，但是不能因为有了先进设备就丢弃了最重要的基本诊断法。我们兽医需要不断开疆拓土，但兽医先辈千百年来建立的基本诊断根据地，也永远不能丢。

【PPT5】建立诊断方法主要有两种，一种叫论证诊断，另一种叫鉴别诊断。说是两种方法，但在实际诊断工作并不能严格区分，往往是你中有我，我中有你。即在论证的过程中需要鉴别，在鉴别的过程中需要论证。论证诊断是指对患病畜禽临床检查得到的症状资料分清主次，依主要症状提出一个具体的疾病，然后将这些症状与所提出的疾病理论上应具有的症状进行对照印证。如果提出的疾病能解释出现的主要症状，且与次要症状不相矛盾，便可建立诊断。临床上见到这样一个病例，一头牛瘤胃鼓胀，首先怀疑是瘤胃臌气。当然，不是所有的瘤胃鼓胀都是瘤胃臌气，还要进一步与教科书中描述的症状进行比对。如瘤胃叩诊呈大面积鼓音，触诊感觉不到里面的内容物，听诊开始蠕动音增强、后逐渐减弱。最重要的是通过调查发现，该牛在发病前吃了大量的新鲜苜蓿。苜蓿是产气牧草，吃下去在瘤胃微生物的作用下，产生大量的气体。所有的主要症状和教科书中或者理论上描述的严丝合缝，那么这个病就是瘤胃臌气。瘤胃臌气的诊断过程，虽然一路采用了论证诊断的方法，但暗中隐含了鉴别诊断的方法。瘤胃鼓胀最常见的两种疾病是瘤胃臌气和瘤胃积食，在瘤胃臌气的论证过程中，实际上就排除了瘤胃积食。如叩诊的声音、触诊的感觉、病史的调查等。根据典型症状或主要症状，脑子里马上冒出一个最可能疾病，这时就需要以论证诊断为主，鉴别诊断为辅；如果根据典型症状或主要症状，同时冒出几个疾病，这时就需要以鉴别诊断为主，论证诊断为辅。鉴别诊断是先根据一个或几个主要症状提出多个可能的疾病，即这些疾病过程中可能出现一个或多个这样的症状，但究竟是哪一种疾病，须进行类征鉴别，以缩小范围，最后归结到一个(或一个以上)可能性最大的疾病，称为鉴别诊断。如中图和右图所示的X线片中可以看出，犬体内有电话线一样的异物，可能是胃内异物，也可能是肠内异物，还可能是腹腔内异物(当然这种可能性很小)，需要对三者进行鉴别。鉴别采用胃肠道造影的方法，给犬灌服了钡餐，然后在不同的时间段进行拍照摄影，结果发现异物在扩张的胃内。这个疾病诊断以鉴别诊断为主，但鉴别的结果也要与疾病的固有理论相同才行，所以同时也采用论证诊断。诊断过程中，有多个疑问，采用了鉴别诊断，确定了一个最可能的疾病，则转向论证诊断。论证诊断过程有了新的疑问，则又转向鉴别诊断。诊断无定法，依据具体的情况选用最恰当的方法。

【PPT6】现在来看一个病例。两只幼猫，一母所生，断奶后一直喂食羊肝，两月后突然同时后肢瘫痪，经临床检查无外伤，也无其他全身症状，请问该猫可能患有何种疾病？给出四个可能的病例，进行鉴别诊断：维生素A缺乏、维生素A中毒、佝偻病和骨折。两只猫同时发病，而且症状一样，营养代谢病和中毒性疾病的可能性大一些，而骨折的可能性很小，尤其两只幼猫同时骨折导致后肢瘫痪，这种概率非常小，况且经检查，并无异常情况。佝偻病是幼龄动物发生的一种营养代谢病，但主要以骨骼变形为主，症状非常典型，而这两只猫没有见到一丝佝偻病的影子，因此排除。最后只剩下和维生素A有关的疾病了，但到底是缺乏呢？还是中毒？猫自断奶以来，一直采食羊肝，而肝脏中维生素A等脂溶性维生素含量很高，久而久之就可能造成中毒，而不可能是缺乏。从症状上分析也可以得出相同的结论，维生素A缺乏主要发生干眼病、夜盲症以及皮肤角化问题，而维生素A中毒则可导致骨营养不良、关节肿胀和变形等症状。因此，该病最可能的是发生了维生素A中毒。这个病例事先给定了"犯罪嫌疑人"，所以并不难鉴别。若是让你漫天海选，你是否能够快速确定"嫌疑人"呢？如果你有较多的营养知识，确定病因并不难。若是对羊肝的营养成分一无所知，此病的诊断基本上是大海里捞针。所以说，兽医必须有丰富的知识。

【PPT7】建立诊断有三个步骤，每一个步骤都至关重要。第一，调查病史，搜集症状。很多情况下，病史资料对诊断起着决定性作用，病例资料占有的越多，对准确诊断的意义就越大，但要仔细甄别，否则容易被误导。第二，分析症状，建立初步诊断。首先要理清主要症状与次要症状的关系，其次要理清典型症状与非典型症状之间的关系。只有抓住主要症状或典型症状，才可能得出准确的诊断。第三，实施防治，验证诊断。得出初步诊断后，还要通过治疗验证诊断。如果初步诊断是正确的，通过合理的治疗，能够看得出治疗的效果。如果诊断错误，治疗很可能无效。建立诊断的三个步骤可以简化为搜集、分析和验证，任何一个环节缺失，都可能导致误诊、漏诊或延迟诊断。图中所示病例，异物容易确诊，但针的位置难下定论。缝衣针的位置可能在食道内、支气管内、胸腔内，以及针尾部留在食道，针头部游离在胸腔等多种情况。考虑到异物是缝衣针，有一个较大的尾部，因此难以考虑是游离在胸腔内。如果只有尾部残留在食道内，而针尖穿过食道进入胸腔游离的话，针尾部应和食道的解剖学位置一致。如果在食道内的话，应与食道的解剖学位置一致，即在正中线的左侧或在正中线上，应该不会出现像本病这样位于胸腔的右侧，而且尾端的走向是朝外侧的情况。因此，怀疑异物位于右后叶的支气管内。为了确诊进行了食道钡餐造影，通过该处的钡餐也没有在缝衣针上黏附，因此确诊异物位于右后叶支气管。支气管内异物的急救，可将动物后肢上抬，头部向下保定，从左右强力压迫胸腔，尝试使其自然咳出。右图就是一种倒提动物试图咳出异物的状态。

【PPT8】现在通过一个病例来说明诊断三部曲：搜集、分析和验证。王女士饲养的一只3岁京巴狗，第三胎产下四只幼犬，母子健康，产后第14天早晨突然出现口吐白沫、四肢抽搐症状。主诉昨晚在居室和狗窝周围喷洒灭蚊药，认定是灭蚊药中毒，请求抢救。以上就是"调查病史，搜集症状"得到的完整病史资料。接着要分析症状，建立初步诊断。通过病史的叙述，至少有以下资料比较重要：第一，动物背景。3岁京巴产子；第二，发病时间。产后14天；第三，主要症状。口吐白沫、四肢抽搐；第四，主诉原因。晚上喷洒灭蚊药，早上发病，疑似中毒。我们在问诊中讲过，畜主怀疑的原因，尤其是中毒，极具参考价值，因此首先怀疑中毒。但是动物发病在产后14天，而且主要症状是抽搐，稍有经验的兽医，首先应该怀疑产后瘫痪。如果是蚊香中毒，抵抗力较差的幼犬应该首先中毒，但四只幼犬毫无中毒症状。因此，产后瘫痪应该是第一"嫌疑人"。到底是不是产后瘫痪造成的，只需"实施防治，验证诊断"即可。结果经钙制剂治疗后，动物马上下地跑了。由此可以确诊，该犬患有产后瘫痪。该病的诊断过程中，既有鉴别诊断，也有论证诊断。鉴别诊断是鉴别蚊香中毒和产后瘫痪，论证诊断是论证产后瘫痪。

【PPT9】建立诊断有以下五个原则。第一，一种诊断解释全部症状。尽可能用一种诊断解释病畜的全部症状，而不用多个诊断分别解释不同的症状。例如病犬诊断为细小病毒病，就要用这一种病的该有的病理现象解释所有的主要临床症状，如呕吐、腹泻、便血、贫血、腹痛等。如果出现发热、咳嗽等症状就要考虑是否与其他疾病发生混合感染，或者继发了其他疾病。第二，先考虑常见病和多发病，后考虑少发病和偶见病。常见病和多发病，发病的概率大，应优先考虑。但是，当排除了常见病和多发病时，就不得不考虑少发病和偶见病了。正如福尔摩斯所说："当你排除了所有可能性，还剩下一个时，不管有多么的不可能，那就是真相。"第三，先考虑群发病。诊断疾病，要有敏锐性，先考虑群发性疾病，然后考虑个别发生的疾病。动物一般都是群饲群养的，很容易发生群发病。若能事先发现苗头，就能够有效控制群发病的蔓延。第四，未见虑新病。在遇到从未见过的疾病流行时，首先要考虑是否有新病出现。第五，疾病难断，治疗为先。对一时难以做出准确诊断的病例，尤其是急性的、危重的病例，应当针对已查明的临床情况，及时采取对症治疗措施。若什么病都是完全诊断清楚之后再治疗，黄花菜早凉了。其实，在临床诊疗中，有很多病例难以给出一个准确的诊断，但这并不影响治疗。当然，也有诊断非常明确却束手无策的，只能眼睁睁地看着动物死去。

【PPT10】下面我们通过一个病例来说明一下建立诊断的原则。新疆生产建设兵团某团场，10头犊牛几乎同时发病，经临床检查，体温正常、心率加快，每分钟达100次左右，而且伴有心律不齐。呼吸频率增加，运步缓慢，四肢、颈、肩及背部肌肉均有不同程度的变硬，尤以肩胛骨肌肉最为明显，呈典型的"翼状肩胛骨"。这些犊牛可能患有什么疾病？有四个选项，分别是骨折、骨软症、佝偻病和硒缺乏。现对应诊断原则我们来分析一下。第一，一种诊断解释全部症状。给出四个用以鉴别的疾病，我们只能选择其中一个，不能认为行动迟缓是骨折，而"翼状肩胛骨"是佝偻病。所选择的疾病，必须能够同时解释"翼状肩胛骨"、肌肉变硬、行动迟缓、体温正常等所有主要症状。第二，先考虑常发病和多发病。罕见病必然罕见，偶发病必然存在着概率极低的偶然因素，在没有完全排除常见病或多发病的情况，是不予考虑的。第三，先考虑群发病。10头牛发病，算得上"群"，全部为犊牛，算得上"群体"，因此这个病显然是一种群发病。而营养代谢病属于群发病，骨折则多见于偶然因素，所以骨折首先被排除。第四，未见虑新病。这种典型的"翼状肩胛骨"虽然也不多见，但并不是从未见到过的症状，如果是从未遇到过的症状，还谈不上"典型"二字。很多饲养人员和兽医不知此病，不是因为这种症状从未出现过，而是知识储备不够的少见多怪。第五，疾病难断，治疗为先。该病的确诊，虽然不是很难，但是很多的诊疗机构和实验室是做不到的。因此，在初步诊断该病的基础上，应率先进行治疗，一旦有效，既治愈了疾病，又验证了诊断。从病史描述中可知，除了"翼状肩胛骨"这一典型症状外，其他的症状均无甄别价值。出现"翼状肩胛骨"这种典型症状，说明犊牛患了白肌病，而白肌病是由硒缺乏引起的。建立诊断的原则是融入血液的东西，实际诊断过程中根本不需要一一对应，自然而然就能应用。

【PPT11】真正的正确诊断，既需要主观能动性的发挥，又需要客观条件的支撑。简单点说，就是兽医必须是好兽医，设备必须是好设备，二者完美结合，才是正确诊断的最佳条件。一个平庸的兽医，纵然拥有世界上最先进的设备，也会茫然失措，不知从何入手；一个优秀的兽医，有时因为缺乏关键的设备，也只能望洋兴叹，爱莫能助。图中的兽医是日本著名的兽医影像学家菅沼常德，他的工作除了从事动物诊疗外，就是定期帮助全国各地的兽医解读X线片。他的一部著作被译成了中文——《小动物临床X线读片训练——判断方法和思考方法》，我第一时间购买了此书。书中的分析深入浅出，令人叹为观止。原来，一张黑白双色的X线片，居然能够包含如此深刻的诊断信息。于是，我在顶礼膜拜的虔诚状态下，准备投身于兽医影像学的学习和研究中。建立正确诊断，需要以下四个条件：第一，充分占有资料。要充分占有关于病畜的第一手资料，包括病史、临床检查、实验室检查和特殊检查结果。资料或者是信息永远是最好的财富，但前提是要懂得如何充分利用。病例资料也是如此，掌握越充分越好，能够提供的诊断线索越多越佳。第二，保证材料客观、真实。在检查病畜、搜集症状时，不能先入为主，或"带着疾病"去搜集症状。诊断中可有假设，但不能预设。首先，对于畜主提供的材料，一定要持谨慎态度，不能不信，也不能全信，应仔细甄别。因不了解病情而提供不真实的资料，因推卸责任而隐瞒病情，因恶意"碰瓷"而歪曲事实，都是有可能出现的，因此很多时候，兽医难免做"以小人之心度君子之腹"的事情。其次，兽医对于别人的检查结果，可以作为参考，但不能作为诊断的铁证。再者，即便是兽医自己检查的结果，有时也要反复确认。最后，要综合所有的资料，综合分析，得出正确诊断。第三，用发展的观点看待疾病。任何疾病都是不断发展的，因此须在发展变化中看待疾病，才能窥得疾病的全貌。疾病的发展有时候超出我们的想象，必须时刻审视疾病，以应对随时可能出现的新变化。曾经在一个病例的诊疗过程，由于未用发展的观点看待疾病，结果犯了刻舟求剑的错误。一只约克夏犬，吞食了异物，通过X线检查，发现有一图钉状异物位于犬的胃内。于是，预约在次日进行手术。开腹后，将胃牵出体外，遍寻异物不见。最后只能扩创在肠道中继续寻找。将肠道摸索了一遍，最终在小肠发现了异物所在，并成功取出。其实，最好的做法是在手术之前，再做一次X线检查，以确定异物的位置，诊疗过程中应该充分考虑到异物在胃肠道中是可能运动的。术后，我和团队成员开玩笑地说："幸亏我们手术做得早，要不然就排出体外了！"第四，全面考虑，综合分析。在提出一组待鉴别的疾病时，尽可能将全部有可能存在的疾病都考虑在内，以防止遗漏而导致错误的诊断。这就是我们前面讲过的，犯罪嫌疑人首先要全部囊括在内，否则再精准的鉴别也是徒劳。

【PPT12】用发展的观点看待疾病，这一点十分重要。今天是轻症，明天就可能不治。同一种疾病，发生于不同的个体，其表现也不尽相同。因此，每一个病例都是特殊的存在。我国春秋战国时期名医扁鹊，就是一个用发展观点看待疾病的人。第一次见蔡桓公，病在腠理；第二次见蔡桓公，病在肌肤；第三次见蔡桓公，病在肠胃；第四次见蔡桓公，病在骨髓。病在骨髓，药石无效，只能嘱咐病人想吃点啥就吃点啥了。我们常劝畜主，刚发现疾病的苗头时就赶紧就诊，不要等到疾病已经到了晚期才哭天抢地恳求兽医，恳求无果，又行谩骂，于人于己都是有害的。前后一个月，些许小病发展成致命大病，虽扁鹊这样的千古名医都束手无策，望桓侯而还走，何况是我辈小小兽医呢？

【PPT13】下面通过一个病例来说明建立正确诊断的条件。4 头水牛，突然发精神沉郁，张口呼吸，在牛舍就能听到呼吸音，结膜发绀，听诊肺有啰音，其中一头肩、背部皮下气肿，触诊有捻发音，体温正常。该病例中所述的"张口呼吸""呼吸音增强"以及"结膜发绀"全部为呼吸困难的症状，再结合"肺部啰音"和"肩、背部皮下气肿"可判断牛患有严重的肺气肿，而黑斑病甘薯中毒是导致严重肺气肿的最常见原因。因此，初步诊断为黑斑病甘薯中毒。既然是中毒病，确诊就需要找到毒源，并证明动物有毒物接触史。甘薯就是我们通常所说的红薯，容易感染霉菌，导致黑斑病。黑斑病发生后，产生大量的甘薯酮及其衍生物，导致动物尤其是牛发生严重肺气肿。虽然依据经验，兽医做出了初步判断，但因未充分占有资料而不能给出准确诊断。这是充分占有资料的反例。在调查黑斑病甘薯的接触史时，饲养员和队领导异口同声说，3 天前虽进行了甘薯育苗，但一些坏的甘薯让工人处理后吃了，牛未吃到坏的甘薯。有了典型的临床表现，却没有毒物的接触史，兽医只能更改诊断结果为单纯的肺气肿，并按肺气肿进行了治疗。但不幸的是治疗 3 小时后，一头牛终因抢救无效，病重而亡。建立诊断的第二个条件是保证材料客观、真实。饲养员和领导所述的病史是客观的吗？是真实的吗？兽医不得不重新审视主诉的客观性和真实性。

【PPT14】通过剖检发现：气管有泡沫液体，肺气肿明显，特别是间质性气肿，肺表面有大小不一球状气囊；瘤胃内有腐烂的甘薯，其他无特异性变化。从法医的角度来讲，尸体是会说话的，而且说的都是真话。从兽医角度而言，也不例外。在动物体内发现了黑斑病甘薯，饲养员和领导再如何隐瞒、欺骗都是徒劳的。饲养员和领导若早说真话，兽医不但充分占有了资料，而且保证了材料的客观和真实。肺气肿的诊断也不算错，但未触及到真实病因。中毒病的治疗，首先要去除毒源，然后才是对症治疗或应用特效解毒药。用发展的观点看待疾病在本病中也有所体现，之前诊断为肺气肿，后经进一步检查确诊为黑斑病甘薯中毒。很多疾病诊断都是这样，需用发展的观点看待疾病，在不断深入的检查中逐步修正最初的诊断。最后，该病的诊断体现了全面考虑，综合分析。若无毒物接触史，即使临床表现再典型也不能诊断为黑斑病甘薯中毒；若只有毒物接触史，而无典型临床症状，也不能想当然地诊断为黑斑病甘薯中毒。

【PPT15】误诊既是临床上常见的现象，也是一门深厚的科学。当然，研究误诊，不是为了提高误诊率，而是为了有效避免误诊。在医学领域，有厚重的《误诊学》著作，有不断更新的《误诊学》杂志，但在兽医领域却无此研究。因此，研究误诊将会是兽医一个全新的领域。产生误诊的原因主要包括以下几个方面：第一，病史不全。病史不真实，或者介绍简单，对建立诊断的参考价值极为有限。第二，条件不完备。器械设备不完备，检查场地不适宜，动物过于骚动不安，或卧地不起，难以进行周密细致的检查。第三，疾病复杂。病情比较复杂，症状不典型、不明显，而又忙于做出诊治处理，难于诊断。第四，业务不熟悉。由于缺乏临床经验，检查方法不够熟练，检查不充分，认症辨症能力有限，不善于利用实验室检查结果分析病情，诊断思路不开阔，从而导致诊断错误。

【PPT16】接下来我们通过一个病例来分析一下产生误诊的原因。一头水牛，突然发生不吃，腹围逐渐增大，精神沉郁，请兽医诊疗。临诊见到精神沉郁，张口呼吸、心跳快、结膜发绀、瘤胃蠕动弱、腹围大、触诊腹部软而有波动感，体温38.5℃，站立时四肢外展。兽医初步诊断为腹膜炎，我想他的主要依据是腹腔积液。视诊动物腹围增大，触诊有波动感，就能充分说明动物腹腔内有积液；而产生腹腔积液最常见的原因就是腹膜炎。因腹腔积液而腹围增大，因腹围增大而导致腹腔压力增大，腹腔增大就会压迫膈肌及心肺，造成一系列呼吸困难的症状，如张口呼吸、心跳快、结膜发绀和站立时四肢外展。既然诊断为腹膜炎，就需要按照腹膜炎的治疗原则进行治疗，不幸的是治疗未果，次日即死。由此强烈怀疑初步诊断的准确性。大家考虑一下，兽医的初步诊断是否遗漏了一些重要的方面？如果动物所患为腹膜炎，动物首先应以胸式呼吸为主，其次触诊腹部必然敏感，动物排尿、排粪必然存在姿势异常，而这些在理论上本应该表现出的典型症状，临床上却没有，这是疑点之一。再者，易导致大量腹腔积液的腹膜炎，体温居然正常，这似乎有悖于常理，这是疑点之二。最后，也是最重要的一点，就是赖以诊断为腹膜炎所依据的腹腔积液原本就有很大问题：积液是什么性质的液体，是渗出液？还是漏出液？是血液、淋巴液、脓汁？还是尿液？腹腔积液的性质不同，诊断的结果必然有异。未对积液性质进行判断，就盲目下诊断结论，这是疑点之三。有此三大疑点，产生误诊的可能性十之八九。第一，病史不全。没有进行详细问诊，依据一些浅显的临床症状就下诊断结论，有些盲目和草率。第二，业务不熟悉。居然未做腹腔穿刺，未进行穿刺液的检查，存在明显的检查不充分。另外，存在明显的不善于利用实验室检查结果分析病情，诊断思路不开阔，先入为主地认定为腹膜炎，在思想上杜绝其他可能的存在。动物死亡，真相易于揭开，但揭露真相的成就感往往会被逝去的动物生命所埋葬。尸体剖检结果如下：腹腔约有80kg液体，有尿味，膀胱前端有2cm的撕裂口，肾、输尿管均无异常，阴茎上端亦无明显的变化，在龟头上端有炎性肿胀，在肿胀处有一细绳缠绕阴茎，其他内脏无明显变化。腹腔中确实有大量积液，80kg呢，这里的水很深啊！元芳你怎么看？液体很多，有尿味，说明满腹弥漫的不是经纶，而是尿液。尿液何来？多半出自膀胱。肾盂处的破裂、输尿管的断裂也可以造成尿液外漏，但漏出的尿液首先聚集在腹膜后腔，而不是腹腔。尿液是否来自膀胱，只需做一下腹腔穿刺检查便知。腹腔积液也有着复杂的病因，不是靠简单地触诊就能确定的。所以，在临床上要考虑到疾病的复杂性，触诊可以感知有积液，但积液的性质如何，还有赖于进一步检查。因此，检查条件完备与否，将直接决定诊断的准确性。

【PPT17】病史不全，业务不熟悉，条件不完备，病情复杂，这些问题都应该考虑到，都应该做出最坏的打算。否则，误诊的概率将大大增加。其中，病史不全导致的误诊最为常见。本病例就是如此，因此还需进一步调查，以期有更多的发现：3天前上午放牧时，牧童看到牛的阴茎经常伸出，而且不断爬跨其他牛。于是，牧童就用放牛鞭拴住牛的阴茎，阴茎被拴，很快缩回包皮内。但同时牛因受惊而奔跑，挣断了牛鞭。当晚，牛就出现了尿淋漓的症状，家长大为疑惑，但牧童因害怕不敢向大人说明情况。次日在放牧时，该牛屡呈排尿姿势，但始终无尿排出。第三天上午发现腹围增大，不吃草，喜卧，张口呼吸，下午前往就诊。进一步的问诊，果然发现了重大疑点，若早能掌握这些病史，就不会出现误诊。爬跨是动物的正常行为，但在儿童眼里却是不雅动作，所以做出了成年人难以想象的幼稚举动。阴茎被系，导致尿道阻塞；尿道阻塞，导致尿闭；尿闭，导致膀胱破裂；膀胱破裂，导致腹腔积液，如此而已。腹腔积液，腹围就会增大，腹压随之增大，进而压迫心肺，导致呼吸困难。另外，尿液进入腹腔，会形成腹膜炎，尿液中的有毒成分进入血液，很快就会导致自体中毒。因此说，腹膜炎的诊断并不能说错，但起码漏诊了膀胱破裂这种致命的病因。究其原因，一是畜主没有交代清楚病史和病症；二是兽医没有进行病史调查和系统检查，所以最终出现病史不全、条件不完备、疾病复杂和业务不熟练等易产生误诊的情况。误诊不可避免，但可以减少。我们之所以勤学苦练，孜孜以求，就是为了最大限度地减少误诊。

【PPT18】建立诊断容易，建立正确的诊断很难。在今后的兽医临床工作中，我们要熟练应用论证诊断和鉴别诊断，遵循建立诊断的原则，坚持诊断的步骤，力求创造建立诊断的条件，避免产生误诊的原因，尽自己最大的努力提高医术水平，用自己最大的仁心挽救动物的生命。

本讲寄语是："追求生命的主干，精简生活的枝叶。"上学时未曾用功，工作后才蓦然发现：学习是人生最幸福的事。普通人的一生有70余年，但真正能够全身心投入学习的时间不会超过20年。一旦离开校园，生活的压力与琐事就会纷至沓来，再想全身心投入学习几乎是不可能的事情，大块的学习时间会被肢解得支离破碎。因此，从学生时代我们就要抓住学习的主旋律，不让那些看似繁茂的枝叶影响到主干的生长。工作之后，亦是如此，学习始终是生命的主旋律，那些不必要的声色犬马一律摒弃。兽医是一个终生学习的职业，每天努力奔跑都不一定能赶上发展的节奏，更不用说三天打鱼两天晒网般的颓废了。对于人生而言，学习是主干；对于疾病诊疗而言，诊断是主干。我们需要枝枝叶叶的点缀，但更需要主干的高大。

参考文献

邓干臻，2016. 兽医临床诊断学[M]. 2版. 北京：科学出版社.

东北农业大学，2009. 兽医临床诊断学[M]. 3版. 北京：中国农业出版社.

韩博，2011. 动物疾病诊断学[M]. 北京：中国农业大学出版社.

贺建忠，2017. 灵魂的歌声[M]. 北京：中国国际广播出版社.

贺建忠，2017. 兽医临床诊断学教学设计[M]. 北京：中国林业出版社.

贺建忠，2017. 兽医临床诊断学实验指导[M]. 北京：中国林业出版社.

贺建忠，2020. 兽医之道[M]. 北京：中国林业出版社.

李毓义，张乃生，2003. 动物群体病症状鉴别诊断学[M]. 北京：中国林业出版社.

刘建柱，2013. 动物临床诊断学[M]. 北京：中国林业出版社.

王俊东，刘宗平，2010. 兽医临床诊断学[M]. 北京：中国农业出版社.

王哲，姜玉富，2010. 兽医诊断学[M]. 北京：高等教育出版社.

邹敦铎，1999. 兽医临床诊疗及失误实例[M]. 北京：中国农业出版社.

[日]菅沼常德，2017. 小动物临床X线读片训练：判读方法和思考方法[M]. 陈武，译. 武汉：湖北科学技术出版社.

SINK C A, WEINSTEIN N M, 2015. 兽医临床尿液分析[M]. 陈艳云，夏兆飞，译. 北京：中国农业出版社.